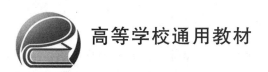

高等学校通用教材

U0158244

电子技术基础实作入门

石 鑫 黄沛昱 应 俊 罗一静 编著

北京航空航天大学出版社

内 容 简 介

在"新工科"建设背景下,面向电子科学与技术人才培养的"电子技术基础"课程教学的重要性日益突出,同时也迎来了新的挑战。本书是面向电子技术运用的专业入门教材,循序渐进地介绍了常用电子仪表的使用,常用电子元器件的使用,电路识图方法和电路仿真软件的应用,电路布局布线规范和设计软件的使用,基于面包板、万能板和PCB板的电路搭接方法,基于立创EDA的PCB设计打样流程等。

本书可供高等学校电子工程类、集成电路工程类专业的低年级本科生学习使用,也可供电子技术爱好者入门参考使用。

图书在版编目(CIP)数据

电子技术基础实作入门 / 石鑫等编著. -- 北京 :
北京航空航天大学出版社,2024.1
ISBN 978 - 7 - 5124 - 4222 - 1

Ⅰ. ①电… Ⅱ. ①石… Ⅲ. ①电工技术－高等学校－
教材 Ⅳ. ①TN

中国国家版本馆 CIP 数据核字(2023)第 222615 号

电子技术基础实作入门
石 鑫 黄沛昱 应 俊 罗一静 编著
策划编辑 周世婷 责任编辑 周世婷
*
北京航空航天大学出版社出版发行
北京市海淀区学院路 37 号(邮编 100191) http://www.buaapress.com.cn
发行部电话:(010)82317024 传真:(010)82328026
读者信箱:goodtextbook@126.com 邮购电话:(010)82316936
北京时代华都印刷有限公司印装 各地书店经销
*
开本:787×1 092 1/16 印张:7.5 字数:192 千字
2024 年 1 月第 1 版 2024 年 1 月第 1 次印刷 印数:2 000 册
ISBN 978 - 7 - 5124 - 4222 - 1 定价:29.00 元

前　言

自 1904 年第一只电子管问世至今,电子技术经历了翻天覆地的发展。晶体管、集成电路相继诞生,硅基芯片、光子芯片闪耀登场;"摩尔定律"开始"失效"。电子技术已成为近代科学技术发展的一个重要标志,在国防、科学、工业、通信、医学及文化生活等各个领域都发挥着重要作用。

电子信息类专业的工科学生课程体系中包括:电路分析、模拟电路、数字电路、单片机、电子设计自动化等课程,但由于系列课程一般从第 3 学期开始开设,导致大一学生对专业不了解,学习方向和目标不清晰,缺乏对电子技术的系统完整认知,不利于后续的专业选择及学习。重庆邮电大学光电工程学院实验中心从 2020 年开始,针对大一新生新增"电子技术基础(初级)"和"电子技术基础(高级)"课程,力求解决教学中存在的以下几个重要问题:

① 实践教学是电子技术教学的薄弱环节,学生学习过程往往重视理论而忽视实验。仅给学生灌输教材知识的效果较差,电子技术的学习需要在实践中联系理论,通过实践转化掌握理论知识。特别是在"新工科"建设背景下,对工程类人才培养提出了更高的要求。

② 学生缺乏电子技术的系统完整认知。学生通过电子类系列课程的学习,能够掌握模电、数电等知识,但各课程分割、独立,导致学生缺乏对电子技术的系统完整认知,不能将所学知识串联为整体使用。"电子技术基础(初级)"课程内容包括电子技术的发展、基本仪器、工具和元器件的学习及使用、电路原理图的理解及布局、电路仿真软件的使用、面包板电路搭建调试等;"电子技术基础(高级)"课程内容包括电路原理图绘制、PCB 布局布线、电路焊接调试等。这两门课程内容从认知到应用,从基础到综合,从传统到现代,涵盖了电子技术较为完整的知识体系。

③ 学生对专业不了解,学习方向和目标不清晰,不利于后续的专业选择及学习。"电子技术基础(初级)"和"电子技术基础(高级)"课程针对大一新生,分别在上、下两学期开设,课程内容循序渐进、科学完整,实验项目设置有趣直观,能有效提高学生的学习兴趣,帮助其理清学习方向和内容,使其具备基本实验技能和电子技术系统观,尽快了解专业学习内容,有利于后续专业选择及课程学习。

经过两年的课程建设,项目组取得了较好的教学效果。新增实验学时 32 学时,设置了科学合理的教学内容,编写了课程配套实验讲义,课程教学获得学生及教学督导的一致好评。作者在总结课程建设及改革成效的基础上,根据课程教学要求,从工程应用角度出发,以强化学生基本技能、提升实践动手能力、帮助形成电子技术系统观为目的,编写了本书。本书具有以下几个特点:

① 结构合理,内容循序渐进、科学完整。教材内容包括常用电子仪表的使用、常用电子元器件的使用、电路识图与仿真、电路制作入门、PCB 设计软件入门,较完整地涵盖了电子技术的基本知识点。

② 教材内容具备基础性与典型性。教材讲解电阻、电容、显示器件、集成芯片(如,51 单片机、数字 IC 器件等)等常用典型元器件,使用 Multisim、Fritzing、立创 EDA 等与企业接轨的

国内主流设计软件,讲述包括面包板设计搭建电路、万能板及 PCB 设计焊接电路等知识点,能够帮助学生快速掌握电子技术基本技能,形成电子技术系统观。

③ 仪表选择具有普适性,重点、难点讲解清晰。教材中所选用仪表为普源精电科技股份有限公司的直流稳压电源 DP832、数字万用表 DM3058、函数信号发生器 DG1032Z 及数字示波器 DS1104Z。作为电子技术基本必备的 4 大件仪表,其操作简易、使用面广,具备较好的普适性。书中仪表使用参数及重点难点讲解清晰,即使使用其他型号仪表,也具有较高的参考价值。

全书共 5 章,内容按照从认知到应用,从基础到综合,从传统到现代的理念逐步递进。

第 1 章为常用电子仪表的使用,包括功能参数、基本操作和注意事项,总结归纳了常用电子仪表使用过程中易忽视、易出错的重点、难点,帮助学生快速掌握仪表的正确使用方法,掌握基本实验技能。

第 2 章为常用电子元器件的使用,包括电阻、电容、二极管、三极管等分立器件,以及运算放大器、数字 IC 芯片、单片机、显示器件等集成芯片。知识点科学凝练,讲解通俗易懂。

第 3 章以日常生活中常见的"点亮一盏发光二极管"的简单电路为例,对比电路实物图和原理图,从而引出电路识图的方法。以行业流行的 Multisim 软件为例,讲解软件操作流程、电路原理图绘制、参数设置及仿真调试等。

第 4 章为电路制作入门,即在电路仿真调试正确的基础上,利用面包板、万能板等传统方式实现电路的搭建,进行硬件实物的制作及调试。引入软件 Fritzing 对实际电路进行布局布线,帮助学生积累经验,并进行科学规范的训练。此外,4.5 节总结了项目组多年来的一线教学经验和实验积累,专门讲述了电路调试和故障排查的方法。

第 5 章为 PCB 设计软件入门,以同相放大器电路设计为例,利用国产 PCB 设计软件立创 EDA,详细展示了工程建立、原理图绘制、参数设置、封装确定、PCB 布局布线、PCB 设计规则检查、生产文件输出、PCB 制作等一系列完整的流程。

本书编写分工如下:第 3 章、第 4 章和第 5 章由石鑫编写,第 1 章由黄沛昱编写,第 2 章由应俊和罗一静编写。

本书在编写过程中得到了重庆邮电大学教务处及光电工程学院相关领导和老师的大力支持与帮助,特别是周围和胡文江教授对本书的编写提出了宝贵指导意见,在这里一并表示感谢。

限于作者水平,书中难免存在不足之处,恳请读者批评指正。

编　者

2023 年 8 月

于重庆邮电大学

目　　录

第 1 章　常用电子仪表的使用

在电子技术领域中,电子仪表通过给功能电路提供工作电压、特定测试信号并观察测量电路输出的相关参数来帮助设计者高效地调试电路,使其满足性能指标要求,因此发挥着十分重要的作用。在日常工作学习中,常用的电子仪表有直流稳压电源、数字万用表、函数信号发生器和数字示波器。

1.1　直流稳压电源

直流稳压电源能够恒定输出一定范围内的直流电压和电流,给负载电路提供所需的工作电源。直流稳压电源在选型时通常需要考虑如下几个参数:

1) 通道数:能够同时输出电压电流的路数,常见的有双路和三路输出。

2) 通道输出规格:每个通道能够输出额定电压和电流的大小。

3) 分辨率:每个通道能够连续调节输出电压、电流大小的最小间隔。

4) 负载调整率:电压源输出电阻,用来衡量当负载变化时,输出电压、电流的变化。

5) 线性调整率:电压调整率,用来衡量当稳压源输入电压变化而负载不变的条件下,输出电压、电流变化的大小。

6) 纹波噪声:通道输出包含的交流纹波噪声信号的大小。

书中举例使用的是普源精电科技股份有限公司生产的型号为 DP832 的线性直流稳压电源。

1.1.1　仪表功能参数

DP832 直流稳压电源包含三路输出,其具有性能指标优异、分析功能多样,接口多等特点,可满足多样化的应用需求。DP832 直流稳压电源主要性能指标如表 1.1 所列。

表 1.1　DP832 直流稳压电源主要性能指标

通道规格	通道 1(30V3A)	通道 2(30V3A)	通道 3(5V3A)
分辨率	电压:10 mV;电流:1 mA		
负载调整率	电压:<输出电压×0.01% +2 mV;电流:<输出电流×0.01% +250 μA		
线性调整率	电压:<输出电压×0.01% +2 mV;电流:<输出电流×0.01% +250 μA		
纹波噪声	电压:<350 μVrms/2 mVpp;电流:2 mArms		

1.1.2　仪表基本操作

DP832 直流稳压电源一共有三路输出,通道 1 和通道 2 输出电压为 0～30 V,电流为 0～3 A,通常用于给模拟电路供电;通道 3 输出电压为 0～5 V,电流为 0～3 A,通常用于给数字电路供电。DP832 直流稳压电源面板如图 1.1 所示,分为 5 个功能区。

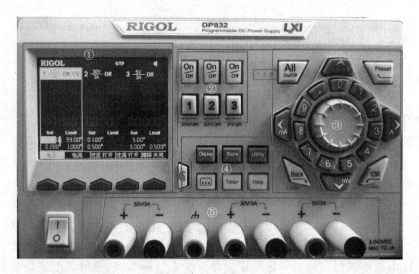

图 1.1   DP832 直流稳压电源面板示意图

1）屏幕显示和菜单操作区①：屏幕用于显示各通道当前输出电压、电流和功率等信息；菜单操作键用于进入各通道输出电压、电流、过压过流保护及通道跟踪设置状态。

2）通道选择与输出开关②：选择相应电源输出通道并使能或禁止输出。

3）参数设置区③：通过方向键、数字键盘和旋钮调节各通道输出电压和电流大小，以及过压过流保护参数。

4）功能菜单区④：进行开机设置、界面显示等辅助功能设置。

5）输出端口⑤：各通道的电源信号输出端子，从左往右"＋""－"标识依次为 1、2、3 通道输出电压正极和负极。

以 2 号通道输出 12 V 直流电压、负载所需工作电流最大 200 mA 为例，操作步骤如下：

1）通过"通道选择与输出开关"模块选择 2 通道，并确认 2 通道输出禁止；

2）通过"屏幕显示和菜单选择"模块进入 2 通道电压设置状态；

3）通过"参数设置区"小键盘依次按下"1""2"和"V"按键，设置输出电压为 12 V；

4）通过"屏幕显示和菜单选择"模块进入 2 通道电流设置状态；

5）通过"参数设置区"小键盘依次按下"2""2""0"和"mA"，按键设置输出电流最大值为 220 mA；

6）根据负载能够承受最大电压和电流值，设置过压和过流参数并打开过压和过流保护，以保护负载安全工作；

7）连接 2 通道的电源输出端子"＋"和"－"到电路的电源正负极并使能 2 通道电源输出。

1.1.3   仪表操作注意事项

在直流电压源的使用过程中，为保证电压源的正常输出和负载电路安全可靠工作，须注意以下事项：

1）输出端子的正负极要特别注意，不能接反。

2）直流电压源通常用于输出恒定的直流电压，屏幕上通道的右边应显示"CV"，即恒压工作状态。

3）在设定输出电压满足要求后,还应该确保输出电流设定值大于负载电路工作电流,避免因负载电流过大而使电压源进入 CC 恒流状态。

4）对于工作电压要求比较精确的场合,须用更高精度的万用表来校准直流稳压电源的输出。

5）对于数字电路供电,推荐使用 3 号通道电源,避免因误操作输出较大电压而损坏负载电路。

6）通道 2 和通道 3 的电源负极是连在一起的,不能进行这两路电源的串联。

7）可以通过设置过压过流保护值来限定电压源实际输出电压或电流大小以保护负载电路。

1.2 数字万用表

数字万用表是一种用途非常广泛的电子测量仪表,能够完成直流电压/电流、交流电压/电流、电阻、电容、二极管等的参数测试。数字万用表在选型时通常考虑以下几个参数:

1）显示位数:数字万用表显示测量结果的数字位数,通常用来表示万用表的分辨率,例如 3 位半($3\frac{1}{2}$）的万用表在直流电压量程挡 200 mV 时,能够显示的最大值为 199.9 mV,分辨率为 0.1 mV,即能显示 0～9 中显示位数的整数位,最大显示值中最高位数字与满量程值最高位数字之比作为显示位数分数位。

2）准确度:数字万用表测量值与真实值误差的大小,常用表示方法为

$$准确度 = \pm(a\%RDG + b\%FS) \tag{1.1}$$

其中,RDG 表示读数值,FS 表示满量程值。

3）测量功能和范围:数字万用表能够测量的物理量的数量(即有多少功能)和量程范围。

4）测量速率:数字万用表每秒钟对被测物理量的测量次数,单位为 rdgs/s。

书中举例使用的是普源精电科技股份有限公司生产的型号为 DM3058 的台式数字万用表。

1.2.1 仪表功能参数

DM3058 数字万用表是一款 5 位半($5\frac{1}{2}$）的台式数字万用表,它是针对高精度、多功能、自动测量的测试需求而设计的,是集自动测量、多种数学变换和任意传感器测量等功能于一身的数字万用表。DM3058 台式数字万用表主要性能指标如表 1.2 所列。

表 1.2 DM3058 台式数字万用表主要性能指标

显示位数	$5\frac{1}{2}$位读数分辨率	
基本测量功能	直流电压	200 mV～1 000 V
	直流电流	200 μA～10 A
	交流电压	True-RMS,200 mV～750 V

续表 1.2

显示位数		5½位读数分辨率
基本测量功能	交流电流	True-RMS,20 mA～10 A
	2、4 线电阻测量	200 Ω～100 MΩ
	电容测量	2 nF～10 000 μF
	连通性测试	量程固定在 2 kΩ
	二极管测试	量程固定在 2.0 V
	频率测量	20 Hz～1 MHz
	周期测量	1 μs～0.05 s

注:1. 部分测量功能在不同测量速率下显示位数小于 5½;

2. 基本测量功能在不同量程下准确度有所差异,详见仪表数据手册。

1.2.2 仪表基本操作

DM3058 台式数字万用表能完成直流电压/电流、交流电压/电流、电阻、电容、二极管、连通性等多种功能测试,其面板如图 1.2 所示,分为 5 个功能区。

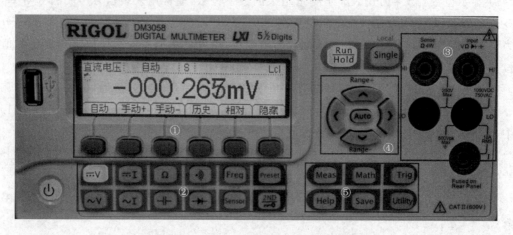

图 1.2 DM3058 台式数字万用表面板示意图

1) 屏幕显示和菜单操作区①:屏幕用于显示当期测量功能、量程、测量速率和结果等信息;菜单操作键用于完成"自动/手动"量程切换、相对测量开关等功能控制。

2) 基本测量功能选择区②:通过功能键选择相应的基本测量功能。

3) 表笔输入端口③:包括主输入(HI 和 LO)端口(用于电压、电阻、电容、连通性、频率和二极管测试测量)、取样(HI Sense 和 LO Sense)端口(用于四线电阻测试测量)、电流输入(I)端口(用于电流测试测量)。

4) 方向键功能区④:完成"自动/手动"量程切换,可手动选择测量量程和测量速率。

5) 辅助测量功能区⑤:完成测量参数设置、数学运算、触发参数设置、辅助系统功能设置和存储调用等操作。

以直流电压测量为例,操作步骤如下:

1) 根据测量物理量将红黑表笔接入相应输入端口,因为要完成直流电压测量,所以应将红黑表笔依次插入主输入端口 HI 和 LO；

2）基本测量功能选择"直流电压挡" mV，量程切换选择"自动"，测量速率选择"慢速率"S，对应 5 位半（5½）的读数分辨率；

3）将红、黑表笔稳定可靠接触待测电压信号两端，即可完成测量并在屏幕上显示测量结果。

1.2.3　仪表操作注意事项

在 DM3058 台式数字万用表的使用过程中，为实现待测物理量的正确测量和提高测量精度，应注意以下事项：

1）根据待测物理量的类别将红、黑表笔正确地插入对应输入端口，选择相应的测量功能按钮。

2）量程切换可以选择自动或手动，但都应保证量程选择是合适的，以获得更高的读数精确度。例如，待测直流电压为 100 mV 左右，应选择"200 mV"量程。

3）直流电压电流、交流电压电流和电阻挡测量速率和读数分辨率有设置联动关系，如果没有特殊要求，应选择"慢速率"以得到 5½ 位读数分辨率。

4）二极管和连通性测量功能固定为 4½ 位读数分辨率，电容测量功能固定为 3½ 读数分辨率。

5）测量直流电压时，可以设置仪表输入直流阻抗值，默认为 10 MΩ；当被测源两端阻值较高时，可设置输入直流阻抗＞10 GΩ，以降低对被测电路的影响，提高测量精度。

6）当被测电阻阻值小于 100 kΩ 时，可以使用四线法进行测量，以降低测试引线电阻和测试点接触电阻的影响。

7）连通性测量时应根据实际应用设置短路电阻阻值，并注意其本质上是测量电阻，被测电路应掉电进行测量。

8）测量过程中合理应用相对测量功能可以减小测量误差。

1.3　函数信号发生器

函数信号发生器是一种用来产生标准函数信号（周期性正弦波、方波、三角波和脉冲信号等波形）的仪表，通常用于给电子系统提供测试输入信号。函数信号发生器在选型时，通常需要考虑以下几个参数：

1）输出波形种类：函数信号发生器能够输出波形形状的种类。

2）输出通道数和阻抗：函数信号发生器有几路信号输出，常见的有 1 通道、2 通道和 4 通道；输出阻抗常见的有 50 Ω 和 75 Ω。

3）输出波形频率：函数信号发生器输出波形的频率范围、频率精度和采样率，采样率参数决定了信号的输出频率和信号质量。

4）输出波形幅值：函数信号发生器输出波形的幅值范围、幅值精度和垂直分辨率，垂直分辨率决定了输出电压幅值的最小增量。

书中举例使用的是普源精电科技股份有限公司生产的型号为 DG1032Z 的函数信号发生器。

1.3.1 仪表功能参数

DG1000Z 系列函数/任意波形发生器是一款集函数发生器、任意波形发生器、噪声发生器、脉冲发生器、谐波发生器、模拟/数字调制器、频率计等功能于一身的多功能信号发生器,其主要性能指标如表1.3所列。

表 1.3 DG1032Z 函数信号发生器主要性能指标

性能指标	参　　数
输出波形	正弦波、方波、锯齿波、脉冲、噪声、内建任意波形
输出通道及阻抗	2 通道、输出阻抗 50 Ω
输出波形频率	采样率 200 MSa/s、最高频率 30 MHz、准确度±1 ppm
输出波形幅值	1.0 mVpp~5.0Vpp、垂直分辨率 14 bits

1.3.2 仪表基本操作

DG1032Z 函数信号发生器有两路信号输出,可以输出最高频率 30 MHz 的正弦波和 25 MHz 的方波信号等周期性信号,两路信号输出相位关系可以设置,其面板如图 1.3 所示,分为 5 个功能区。

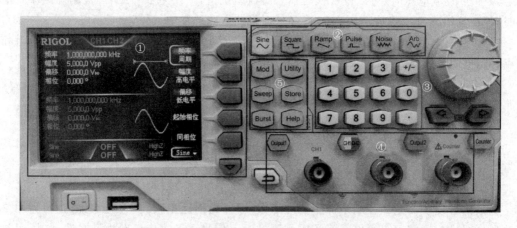

图 1.3 DG1032Z 函数信号发生器面板示意图

1) 屏幕显示和菜单操作区①:屏幕用于显示各通道输出波形的频率、幅度、偏移和相位等参数;菜单操作键用于进入波形相应参数的设置状态。

2) 输出波形选择区②:通过按键选择相应波形的信号输出。

3) 参数设置区③:通过数字键盘和旋钮完成输出波形各参数大小的数值设置。

4) 输出通道设置区④:输出通道的输出波形使能开关、CH1/CH2 通道设置切换选择按键和信号输出端口。

5) 辅助功能设置区⑤:用于设置各种复杂波形输出及系统和辅助功能参数等功能。

以 CH2 通道输出 1 kHz,0~5 V 脉冲信号为例,操作步骤如下:

1) 通过"CH1/CH2 通道切换选择"按键选择 CH2 通道为当前设置通道;

2）输出波形选择按下 Square 键,设置输出波形为方波;

3）按下屏幕显示区频率对应蓝色按键,进入"频率设置"状态,数字键盘输入 1,然后选择单位 kHz,完成信号输出频率设定;

4）按下屏幕显示区幅度对应蓝色按键进入"幅度设置"状态,数字键盘输入 5,然后选择单位 Vpp,完成信号输出幅度设定;

5）按下屏幕显示区偏移对应蓝色按键进入"偏移设置"状态,数字键盘输入 2.5,然后选择单位 Vdc,完成信号输出偏置设定;

6）按下 CH2 通道输出使能 Output2 按键,使能 CH2 通道波形输出。

1.3.3　仪表操作注意事项

在 DG1032Z 函数信号发生器的使用过程中,为正确输出电路所需信号,应注意以下事项:

1）函数信号发生器通道负载阻抗的类型可以设置为 HighZ(高阻)和 50 Ω,应根据实际电路情况正确设置。

2）当输出含直流成分的交流信号时,可以通过叠加偏移或高低电平直接设置信号输出幅值大小。

3）设置输出波形频率和幅值大小时,一定要注意输出物理量的单位,例如 Vpp 和 Vrms 的不同。

4）当两通道输出交流信号需要具有特定相位关系时,可以通过同相位、起始相位、相位耦合功能进行相应设定。

5）各通道输出波形时应打开其相应的波形输出使能开关,并确认正确连接该通道的输出端,即不能设置 CH1 通道输出波形满足电路要求时,接线连接 CH2 通道输出端口。

1.4　数字示波器

数字示波器是一种用途极为广泛的电子图示测量仪表,能够将输入电信号的波形直观清晰地显示在屏幕上,并可以完成波形频率、幅值等多项参数测试和运算。数字示波器在选型时,通常需要考虑以下几个参数:

1）带宽:示波器输入模拟前端放大器的带宽,其决定了能够准确测量输入信号的频率。

2）采样率:示波器对输入信号采样电压的频率,其决定了示波器数字带宽上限的理论值。

3）存储深度:用于存储采样后,二进制波形信息存储器的容量。提高示波器的存储深度可以间接提高示波器的采样率。

4）波形刷新率:示波器显示波形每秒钟的刷新次数,波形刷新率越高,越能够重现真实波形。

书中举例使用的是普源精电科技股份有限公司生产的型号为 DS1104Z 的数字示波器。

1.4.1　仪表功能参数

DS1104Z 是一款基于普源独创 ULtraVision 技术的多功能、高性能数字示波器。其具有极高的存储深度、超宽的动态范围、良好的显示效果、优异的波形捕获率和全面的触发功能,广泛应用于科研、教育和生产等众多行业领域。DS11042 数字示波器主要性能如表 1.4 所列。

表 1.4 DS1104Z 数字示波器主要性能指标

性能指标	参 数
带 宽	100 MHz
采样率	1 GSa/s(单通道)、500 MSa/s(双通道)、250 MSa/s(三/四通道)
存储深度	24 Mpts(单通道)、12 Mpts(双通道)、6 Mpts(三/四通道)
波形刷新率	30 000 wfms/s

1.4.2 仪表基本操作

DS1104Z 数字示波器有 4 路模拟输入通道,可以同时观察 4 路输入信号的波形,其面板如图 1.4 所示,主要分为 6 个功能区。

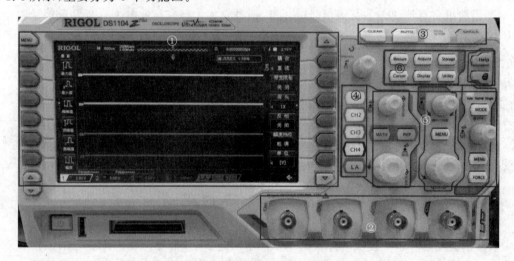

图 1.4 DS1104Z 数字示波器面板示意图

1)屏幕显示和菜单操作区①:屏幕用于显示当前输入波形和波形的相关参数;菜单操作键用于完成波形自动测量参数选择、输入通道设置和系统功能设置等功能。

2)输入端口区②:包括 4 路模拟通道输入端和一路探头补偿信号输出端。

3)运行控制区③:包括清除屏幕上所有波形、波形自动显示设置、运行状态控制和单次触发设置功能按键。

4)垂直工作方式选择区④:包括 4 路模拟输入道通显示开关控制和逻辑分析仪操作按键。

5)波形显示设置区⑤:完成波形水平位移、时基,垂直位移、挡位和波形触发方式设置、触发源选择、触发电平调节等。

6)辅助功能设置区⑥:包括测量设置、采样设置、显示设置和系统功能参数设置等。

以手动使用 CH2 通道观察 1 kHz、5 Vpp 正弦波为例,操作步骤简述如下:

1)将输入信号接入示波器 CH2 通道,打开 CH2 通道的显示开关,关闭其他通道的显示开关；

2）设置触发方式为自动，选择触发源为 CH2 通道输入信号；

3）保持默认时基模式 YT 不变，通过扫描速度旋钮设置"水平时基"为 $200\,\mu s/div$，Y 轴灵敏度旋钮设置"垂直"挡位为 $1\,V/div$；

4）调整"水平位移"和"垂直位移"旋钮，使波形显示在屏幕中间；

5）调节"触发电平"旋钮，使波形稳定清晰显示。

1.4.3　仪表操作注意事项

在 DS1104Z 数字示波器使用过程中，为了能正确观察并测量输入波形，须注意以下事项：

1）使用无源高阻探头时，须用探头补偿信号进行校准；当输入信号频率较高时，可以选择探头×10 挡来提高探头带宽。

2）示波器输入通道耦合方式因根据输入信号和测量要求正确设置，一般选择直流耦合使被测信号中的直流分量和交流分量都可以通过。

3）通道探头衰减比设置应该与实际探头设置一致，避免错误读取信号幅值。

4）合理设置水平时基和垂直挡位，以便在屏幕上至少能观察到一个完整周期的波形。

5）正确选择触发源、调节触发电平和触发释抑时间，使输入波形能清晰稳定地显示在屏幕上。

6）示波器默认的触发源是 CH1 通道输入信号，为使按下波形自动显示 AUTO 键能得到清晰稳定的波形，当观察一路输入信号时应接到示波器 CH1 通道，当观察多路信号时应将输入信号中频率最低的一路接到示波器 CH1 通道。

7）在通道存储深度一定的情况下，应适当减少屏幕上显示输入波形的周期数，以提高采样率来获取不失真波形。

第2章 常用电子元器件的使用

电子设计领域涉及的电子元器件种类繁多、功能迥异,主要有电阻、电容、电感、二极管、三极管、运放等模拟 IC、单片机等数字 IC、连接器、开关等。这些电子元器件相互结合、相互作用构成了各种各样的电子产品,并应用到人类生产生活的方方面面。

2.1 电 阻

电阻元件(Resistor)具有阻碍电流通过的作用,其阻碍作用的大小称为电阻值(Resistance)。电阻值与元件本身的尺寸、材料、温度有关,阻碍作用越大,电阻值越大。电阻通常用字母 R 表示,阻值大小的单位是欧姆,简称欧,符号为 Ω。电阻元件通常简称为电阻,其原理图符号如图 2.1 所示,其中 IEC 为国际电工委员会英文缩写,ANSI 为美国国家标准学会的英文缩写。电阻按照其结构和性能的不同,可以分为固定电阻、可调电阻和敏感电阻三大类,常用的有金属膜电阻、贴片电阻、铝壳电阻、电位器、热敏电阻和光敏电阻等类型。

(a) IEC标准电阻原理图符号   (b) ANSI标准电阻原理图符号

图 2.1　电阻原理图符号

2.1.1　电阻的相关公式和实际模型

(1) 阻值公式

均匀截面积为 A 的任一材料的电阻大小取决于导体的电阻率 ρ 及导体的长度 L,其数学表达式为

$$R = \rho \frac{L}{A} \tag{2.1}$$

式中,ρ 为电阻率,单位为 $\Omega \cdot m$。铜导体的电阻率为 $1.72 \times 10^{-8} \Omega \cdot m$,铝的电阻率更高,而银的电阻率更低。

(2) 欧姆定律

电阻两端的电压 V 与流过该电阻的电流 I 成正比的关系由德国物理学家乔·西蒙·欧姆发现,即欧姆定律:

$$V = IR \tag{2.2}$$

(3) 电阻串并联

1) 两个电阻串联后的等效电阻值等于两个电阻值之和,因此,利用电阻的串联,可以得到一个阻值较大的电阻,如图 2.2 所示。

2) 两个电阻并联后的等效电阻值等于两个电阻值的乘积除以两个电阻值之和,因此,利用电阻的并联,可以得到一个阻值较小的电阻,如图 2.3 所示。

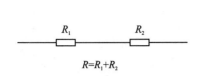

图 2.2　电阻串联示意图

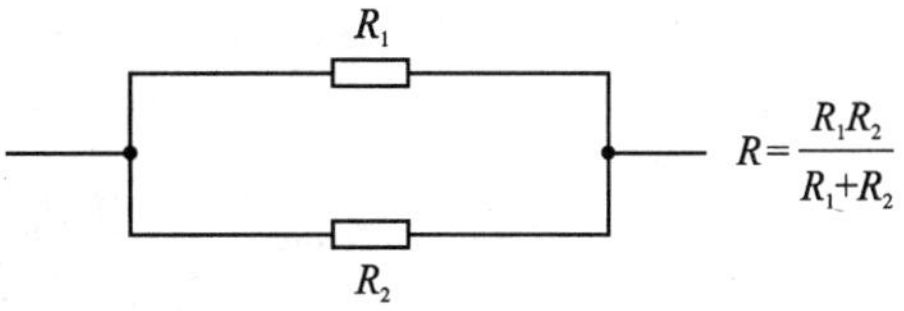

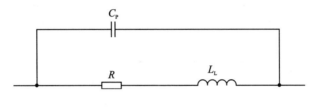

图 2.3　电阻并联示意图

（4）电阻实际模型

实际电阻都是非理想的。实际电阻除了由制造工艺产生的阻值误差等非理想特性外，还受到元件本身参数的影响，其等效模型如图 2.4 所示，图中 C_P 是电阻两端并联等效电容，L_L 是电阻引脚上的等效串联电感。

图 2.4　电阻的实际模型

2.1.2　电阻的主要参数

1）标称阻值：电阻的设计电阻值，通常标注在电阻上。电阻的阻值标准由 IEC 制定，分为 E6、E12、E24、E48、E96 和 E192 六大系列，其中 E96 系列最为常用，即通过 96 个基准值乘以 10 的不同次方得到其他电阻值。

2）允许误差：标称阻值与实际阻值之间偏差的允许范围，用来表示电阻器的精度。E96 系列电阻的允许误差为 1%，即对于一个标称阻值 10 kΩ 的电阻，实际阻值在 9.9～10.1 kΩ 范围内都是合格的。

3）额定功率：在标准大气压和一定的环境温度下，电阻能够长期工作而不损坏或不显著改变其性能所允许消耗的最大功率。电阻的额定功率由电阻的尺寸、材质和封装等因素决定，一般为 1/16～250 W。

4）最高使用电压：不发生机械性能损坏及绝缘击穿现象可连续施加的最大直流电压或交流电压。

5）温度系数：当电阻温度改变 1 ℃ 时电阻值的相对变化率，单位为 ppm/℃。

2.1.3　常用电阻简介

1）金属膜电阻是以特殊金属或合金为电阻材料，通过真空蒸镀或溅射在陶瓷或玻璃上形成电阻膜层的电阻器。这种电阻具有体积小、噪声小、精度高、稳定性好等优点，在电子行业中应用较为广泛。下面以 5 环金属膜电阻为例描述其阻值的读取方法，见图 2.5 和表 2.1，图中电阻阻值为 100×10^2 Ω，即 10 000 Ω。

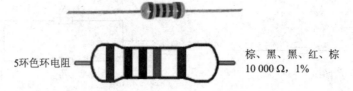

5环色环电阻　　　　　　　　　　　　　　棕、黑、黑、红、棕
　　　　　　　　　　　　　　　　　　　　10 000 Ω，1%

图 2.5　5 环金属膜电阻示意图

表 2.1　5 环电阻色标对应表(不含无色带)

色环颜色	第 1 色环	第 2 色环	第 3 色环	第 4 色环	第 5 色环
	数值色环	数值色环	数值色环	倍率色环	允许误差
黑色	—	0	0	10^0	—
棕色	1	1	1	10^1	1%
红色	2	2	2	10^2	2%
橙色	3	3	3	10^3	—
黄色	4	4	4	10^4	—
绿色	5	5	5	10^5	0.5%
蓝色	6	6	6	10^6	0.25%
紫色	7	7	7	10^7	0.1%
灰色	8	8	8	10^8	0.05%
白色	9	9	9	10^9	—
金色				10^{-1}	5%
银色				10^{-2}	10%

5 环电阻色
标对应表
(不含无色带)

104即10×10⁴，即100 kΩ

图 2.6　3296W 型电位器示意图

2）3296 电位器属于多圈可调电阻，是精密电位器其中的一个系列，根据其规格可以分为 3296X、3296W、3296P 等几种类型。下面以 3296W 型电位器进行描述，如图 2.6 所示。上方标识"W"调节旋钮在顶端，"104"表示电位器阻值大小为 100 kΩ；电位器 1 引脚和 3 引脚为固定端，两引脚之间电阻即为 100 kΩ，2 引脚（WIPER）为滑动端，顶端旋钮顺时针（CW）旋转时 2 引脚和 3 引脚之间电阻减小，逆时针（CCW）旋转时 1 引脚和 2 引脚之间电阻减小。

3）排阻又称网络电阻器，是将若干个参数完全相同的电阻集中封装在一起，满足电路需要多个相同阻值电阻均匀排列使用的需求。排阻有两种常见的连接结构：一种是多个独立电阻结构；另一种是公共端结构，即将所有电阻的一个引脚连到一起，作为公共引脚，其余引脚正常引出，如图 2.7 所示。

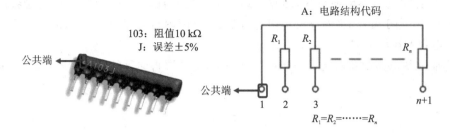

图 2.7   A103J 排阻示意图

2.2   电   容

电容(Capacitor)是一种可以在电场中储存电能的无源元件,由绝缘电介质隔开的两个导电板组成,电路符号如图 2.8 所示。电容的容量取决于电容的物理参数,容量值是电容的一个导电板所携带的电荷与两个导电板之间电压的比值,用电容常数 C 表示,单位为法拉(F),实际中常用的单位有 μF 和 nF。电容有多种分类方法,按极性可分为无极性电容和有极性电容两类。常用的无极性电容有 C0G/NP0 一类陶瓷电容器、X7R 二类陶瓷电容器;有极性电容有铝电解电容和钽电解电容等。

(a) IEC标准电容原理图符号   (b) ANSI标准电容原理图符号

图 2.8   电容原理图符号

2.2.1   电容的相关公式和实际模型

(1) 电容的容值公式

2 个面积为 A、间距为 d 的平行导电板由介电系数为 ε 的电解质隔开所构成电容的电容常数公式如下:

$$C = \frac{\varepsilon A}{d} \tag{2.3}$$

可以看出,对于平行板电容器,导电板面积越大,电容值越大;导电板间隔越小,电容值越大。

(2) 电容的伏安关系

在关联参考方向即电流流入电容电压正极端时,电容中的电流和电容两端电压的关系如下:

$$I = C \frac{\mathrm{d}V}{\mathrm{d}t} \tag{2.4}$$

电容具有端电压不能够突变,隔直流通交流电的特性。对于直流电,通过电容的电流为零,因而电容相当于开路;而对于交流电(一定频率范围内),电容相当于短路。

(3) 电容的储能公式

电容能够从电路中获取能量并储存在电场中,也能够将储存的能量释放到电路,其储能公式如下:

$$W = \frac{1}{2}CV^2 \tag{2.5}$$

(4) 电容的串并联

两个电容串联后的等效电容值等于两个电容值的乘积除以两个电容值之和,因此,利用电容的串联,可以得到一个电容值较小的电容,如图 2.9 所示。

两个电容并联后的等效电容值等于两个电容值之和,因此利用电容的并联,可以得到一个电容值较大的电容,如图 2.10 所示。

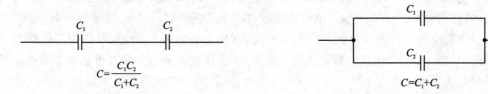

图 2.9　电容串联示意图　　　　　　图 2.10　电容并联示意图

(5) 电容的实际模型

实际电容同样是非理想器件,其等效模型如图 2.11 所示。图中,R_p 是电容两端并联的漏电阻,又称绝缘电阻,绝缘电阻越大,电容质量越好;ESR 是电容的等效串联电阻;ESL 是电容的等效串联电感。

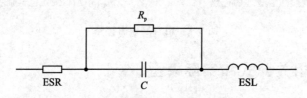

图 2.11　电容的实际模型

2.2.2　电容的主要参数

1) 标称容值:电容的设计电容值通常标注在电容上。电容的容值根据允许误差对应不同的容值标准,例如 E24 系列对应允许误差±5%的电容,其标准容值如表 2.2 所列。

表 2.2　E24 系列标准容值表

容　值	1	1.1	1.2	1.3	1.5	1.6	1.8	2	2.2	2.4	2.7	3
容　值	3.3	3.6	3.9	4.3	4.7	5.1	5.6	6.2	6.8	7.5	8.2	9.1

2) 允许误差:标称容值与实际容值之间偏差的允许范围,用来表示电容的精度。E24 系列电容的允许误差为±5%,即对于一个标称容值为 10 μF 的电容,实际容值在 9.5~10.5 μF 范

围内都是合格的。一般陶瓷电容器上会有专用代码标识其允许误差,例如 F 表示±1%,G 表示±2%,J 表示±5%,K 表示±10%。

3) 额定电压:可以施加到电容器上的最大电压,超过这个值会损坏电容器,通常在工程运用中应降额 1/3~1/2 选择合适额定电压的电容。

4) 绝缘电阻:电容两极板的并联泄露电阻,用来表征漏电流大小。绝缘电阻越大,漏电流越小,电容性能越好。

5) 纹波电流:流经电容的交流电流的有效值,当施加电流超过额定值后,会导致电容过热,容量下降,使用寿命缩短。

2.2.3　常用电容简介

1)MLCC 电容即多层陶瓷电容,其由印好电极(内电极)的陶瓷介质膜片以错位的方式叠合起来,经过一次性高温烧结形成陶瓷芯片,再在芯片的两端封上金属层(外电极)构成,如图 2.12 所示。由于 MLCC 电容具有体积小、ESR 低、耐高压和可靠性高等优点,广泛应用于通信、家用电器和仪器仪表等方面。

$47 \times 10^2 \text{pF} = 4.7 \text{nF}$

(a) 片式MLCC电容(贴片电容)　　　　(b) 引线型MLCC电容(独石电容)

图 2.12　MLCC 电容实物图

根据 MLCC 电容容值随温度变化特性分为:1 类陶瓷电容器(C0G/NP0),用于信号路径、滤波、低失真、音频和高精度应用中;2 类陶瓷电容器(X7R/Y5V),用于去耦合和对精度、低失真没有要求的其他应用中。

2) 铝电解电容由阳极铝箔、电解纸、阴极铝箔、引线端子卷绕在一起含浸电解液后装入铝壳,再用橡胶密封而成。铝电解电容具有容量大、漏电流大和稳定性差等特点,常用于交流旁路和滤波等电路中。由于具有正负极性,使用时必须将电容正极接电路中的高电位,否则电容漏电流增大将导致电容自身发热,容体受热膨胀而炸裂。图 2.13 为容值 $10\ \mu\text{F}$、额定电压 25 V 的引线型铝电解电容示意图,长的引脚一侧为电容正极。

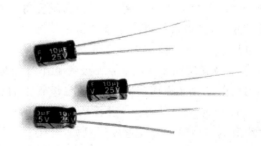

图 2.13　铝电解电容实物图

2.3 二极管

半导体二极管简称二极管,是将 PN 结用外壳封装起来,并将 P 区和 N 区用电极引出所构成的。二极管是一种非常重要且有用的二端无源非线性器件,具备正向导通、反向截止和反向击穿后两端电压在一定电流范围内基本不变的电气特性,其原理图符号和伏安特性曲线如图 2.14 所示。二极管在电路中起着非常广泛的作用,例如开关、整流、限幅和钳位等。同时利用半导体二极管特性衍生出其他各种类型的二极管,包括稳压二极管、发光二极管、肖特基二极管和光电二极管等。

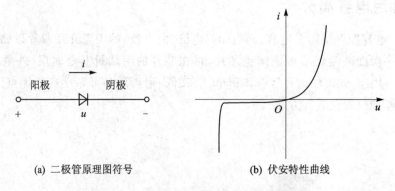

(a) 二极管原理图符号   (b) 伏安特性曲线

图 2.14 二极管原理图符号和伏安特性曲线

2.3.1 二极管主要参数

1) 正向导通压降:二极管正向导通时 PN 结二端的电压,其值随导通电流的大小略有变化,一般为零点几伏到几伏。例如,开关二极管 IN4148W 当导通电流为 1 mA 时,正向压降最大值为 0.715 V;当导通电流为 50 mA 时,正向压降最大值为 1.0 V。

2) 最大整流电流:二极管连续工作时允许通过的最大正向平均电流值,其值与 PN 结面积及外部散热条件等有关。在规定散热条件下,二极管正向平均电流如果超过最大值,则 PN 结会因为温度过高而烧坏。例如,开关二极管 IN4148W 的最大正向电流值为 300 mA。

3) 反向电流:二极管外接反向电压且未被击穿时流过 PN 结的电流,其值为 nA 到 μA 级别。反向电流大小对温度非常敏感,温度每升高 10 ℃,反向电流约增大一倍。二极管反向电流值越小,二极管的单向导电性越好。例如,开关二极管 IN4148W 在 25 ℃室温、20 V 反向工作电压下,反向电流仅为 0.025 μA。

4) 最高反向工作电压:二极管工作时允许外加的最大反向电压,超过此值时,二极管可能因反向击穿而损坏。例如,开关二极管 1N4148W 的最大重复峰值反向电压为 100 V。

5) 反向恢复时间:二极管从正向导通状态快速转换为反向截止状态所需要的时间,其值大小影响二极管的开关速度。例如,开关二极管 1N4148W 的反向恢复时间为 4 ns。

6) 零偏压电容:当二极管两端电压为零时,内部扩散电容和结电容之和,其值大小影响二极管的最高工作频率,当输入信号频率过高时二极管导通失去单向导电特性。例如,开关二极管 1N4148W 的零偏压电容最大值 4 pF。

7) 耗散功率:二极管两端电压和流过电流的乘积,耗散功率大小与环境温度和外部散热条件有关。如果功率超过最大耗散功率限制,则二极管会因过热而损坏。例如,开关二极管 IN4148W 在环境温度 25 ℃时最大耗散功率为 500 mW。

2.3.2 常用二极管简介

1) 发光二极管是半导体二极管的一种,通过 PN 结内电子和空穴复合将电能转化成光能,产生自发辐射的荧光,包括可见光、不可见光、激光等不同类型。常见的可见光发光二极管有红色、绿色和黄色等,正向导通时压降为 1.6~3.2 V,导通电流为 5~20 mA,使用时须串联合适的限流电阻以防止因过流而烧坏。发光二极管因其驱动电压低、功耗小、寿命长、可靠性高、价格低等优点而广泛应用于显示电路中,其实物与工作原理如图 2.15 所示。

(a) 实物图   (b) 工作原理图

图 2.15 直插和贴片红色发光二极管实物及工作原理图

2) 开关二极管是利用二极管的正向导通特性来实现开关功能的,即施加正向电压时开关闭合导通,施加反向电压时开关断开。开关二极管具有反向恢复时间短、开关速度快、可靠性高等特点,广泛应用于电子设备中的开关、检波等电路中。常见的开关二极管 1N4148 实物图见图 2.16。

图 2.16 开关二极管 1N4148 实物图

2.4 晶体三极管与场效应管

晶体三极管和场效应管是非常重要的有源器件,能够控制能量的转换,在电子电路中发挥着至关重要的作用。

2.4.1 晶体三极管

晶体三极管由同一个硅片上 2 个背靠背的 PN 结构成,工作时有两种不同极性电荷的载流子参与导电,因此又称为双极型晶体管。晶体三极管属于三端器件,引出的三个电极分别称为基极 b、发射极 e 和集电极 c,根据 2 个 PN 结连接方式的不同又分为 NPN 和 PNP 两种类型,如图 2.17 所示。

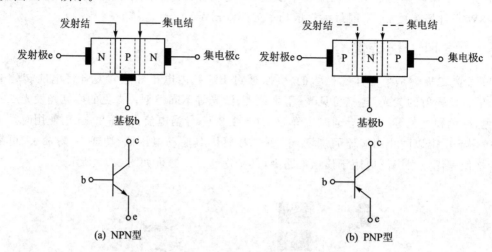

图 2.17　三极管结构和电路符号

晶体三极管属于电流控制电流器件,通过基极较小的电流控制产生集电极较大的电流来实现能量的转换。在实际应用中,晶体三极管可以工作在放大模式(发射结正偏、集电结反偏),实现对输入模拟信号的放大功能;也可以工作在饱和模式(发射结正偏、集电结正偏)和截止模式(发射结反偏、集电结反偏),实现模拟开关的功能。

晶体三极管根据工作频率的不同可以分为低频三极管、高频三极管和超高频三极管;又可以根据额定功率分为小功率三极管、中功率三极管和大功率三极管。常用的小功率 NPN 三极管 S9013 实物如图 2.18 所示。

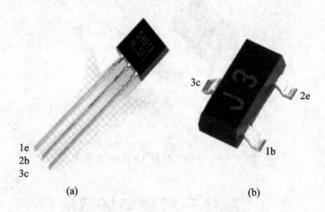

图 2.18　NPN 三极管 S9013 实物图

2.4.2　场效应管

场效应管仅靠半导体中的多数载流子导电,又称为单极型晶体管,其引出的三个电极分别为栅极 g、源极 s 和漏极 d,是由栅源之间的电压控制漏源之间电流的器件。

场效应管根据结构的不同可以分为结型场效应管(JFET)和金属氧化物半导体场效应管(MOSFET),也叫作绝缘栅型场效应管。结型场效应管分为 N 沟道和 P 沟道 2 种类型;绝缘栅型场效应管分为 N 沟道增强型、N 沟道耗尽型和 P 沟道增强型、P 沟道耗尽型 4 种。部分场效应管电路符号如图 2.19 所示,图中 B 为衬底,实际器件中一般与源极连接在一起。

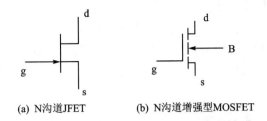

(a) N沟道JFET　　　　(b) N沟道增强型MOSFET

图 2.19　N 沟道 JFET 和 N 沟道增强型 MOSFET 电路符号

场效应管一样有三种工作区域,分别为可变电阻区、恒流区和夹断区,对应着三极管的饱和模式、放大模式和截止模式。N 沟道增强型 MOSFET 是使用较为广泛的场效应管,在模拟电路中起着放大和开关的作用。

2.5　运算放大器

运算放大器简称运放,是一种高增益直流耦合的差分放大器,广泛应用于模拟信号的处理和产生电路,由于其性能优越、功能繁多、价格较低和稳定性高等特点,在汽车、工业、医疗和个人电子产品等领域发挥着越来越重要的作用。

运算放大器的通用电路符号如图 2.20 所示,图中 1 引脚为反相输入端,2 引脚为同相输入端,3 引脚为输出端;A_{OD} 是运放的开环放大倍数,其值非常大,可以达数十万倍以上。

运算放大器根据内部电路结构的不同,可以分为电压反馈型运算放大器(VFA)和电流反馈型运算放大器(CFA);根据应用范围不同,可以分为通用运算放大器、精密运算放大器、高速运算放大器、音频运算放大器和功率运算放大器。由于运算放大器非常高的直流开环电压增益,因此在绝大多数应用中,其配合外部电阻、电容等元件构成闭合负反馈系统,实现对输入信号的线性放大和运算等功能。对于运放电路的分析遵循如下两条黄金规则:

1)虚断:由于运放输入端的阻抗非常高,可以认为流进运放两输入端的电流都为零,这是由运放本身特性所决定的。

2)虚短:运放两输入端的电位相等,如同短接一般,这是由运放电路深度负反馈导致的结果。

运放构成的同相放大器电路如图 2.21 所示,利用上面两条黄金规则可以非常方便推导出其输入/输出电压关系。

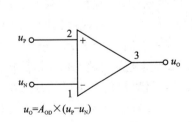

$u_O = A_{OD} \times (u_P - u_N)$

图 2.20　运算放大器通用电路符号

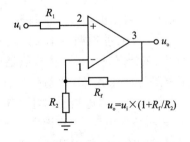

$u_o = u_i \times (1 + R_f / R_2)$

图 2.21　运放同相放大器原理电路(省略电源)

理想的运算放大器具有输入阻抗无穷大、输出阻抗为0、电压增益无穷大、共模电压增益为0、无限的输出转换速率等特性。而实际运算放大器的直流特性和交流特性都存在限制,应根据实际应用需求,合理考虑运算放大器的输入失调电压、输入失调电流、输入电压范围、输出电压电流参数、增益带宽积,以及压摆率和建立时间等参数。通用双路运算放大器 LM358 的引脚图见图 2.22。

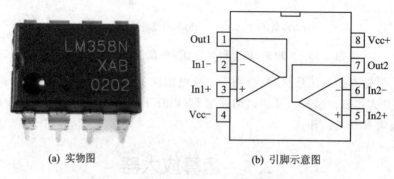

(a) 实物图　　　　　　　　　　(b) 引脚示意图

图 2.22　通用运放 LM358 实物及引脚示意图

2.6　数字信号与数字 IC

随着集成电路技术的飞速发展,信息数字化时代已经到来,面向数字信号与数字电路研究运用的脉冲与数字电子技术已广泛应用于人类生活的方方面面。

2.6.1　数字信号与电路

数字信号是由0和1两种数值组成的信号,也就是通常所说的二值逻辑信号。对于实际所用的正逻辑来说,1表示高电平,0表示低电平。数字信号在电路中的状态为固定的高电平1,或者固定的低电平0,或者不断变化的0和1所构成的脉冲,如图2.23所示。

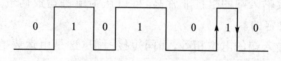

图 2.23　脉冲信号

一个单脉冲由一个0到1的跳变(上升沿)和一个1到0的跳变(下降沿)所组成,在计数输入脉冲个数时,可以通过统计上升沿或者下降沿的个数来计脉冲的个数。

数字信号0和1也叫作二进制数,可以用来表示日常生活中所用的十进制数0～9,用二进制数表示一个十进制数的代码称为二-十进制代码,即 BCD 码。最常用的 BCD 码是8421BCD 码,其特点是每位的位权值是按基数2的幂增加的,如图2.24所示。

数字电路是对数字信号进行传输、运算、存储以及显示等处理的电路。数字电路按照逻辑功能可以分为组合逻辑电路与时序逻辑电路;按照集成逻辑门规模的大小可以分为小规模集成电路、中规模集成电路、大规模集成电路和超大规模集成电路;按照逻辑实现特点可以分为专用数字集成电路和可编程逻辑器件。

专用数字集成电路是将基本逻辑门和连线集成于同一块半导体芯片上制作而成的、具有

十进制数	8421BCD 码
0	0000
1	0001
2	0010
3	0011
4	0100
5	0101
6	0110
7	0111
8	1000
9	1001

$6=0\times2^3+1\times2^2+1\times2^1+0\times2^0$

图 2.24　8421BCD 码示意图

特定功能的数字电路。常用的数字集成电路有 CD4000 系列和 74 系列,74 系列以其相对低廉的价格,在实验教学中广泛使用。

可编程逻辑器件是指一切通过软件手段更改、配置器件内部连接结构和逻辑单元,完成既定设计功能的数字集成电路。其发展历程是:从完成简单逻辑功能的 PROM、EPROM、EEP-ROM,到完成中大规模的数字逻辑功能的 PAL、GAL,再到完成超大规模的数字逻辑功能的 CPLD、FPGA。

2.6.2　74 系列数字逻辑 IC 简介

74 系列是已经标准化、商品化的民用数字逻辑 IC 系列,其包括多种子系列的产品,在教学中常用的有 74LS 系列和 74HC 系列,其芯片型号命名规则如图 2.25 所示。

XX-74-XX-XXX-X
①　　②　③　　④

①表示芯片生产厂商,例如:SN表示TI(德州仪器),MM表示
Onsemi(安森美半导本);
②表示器件类型,例如:LS表示低功耗肖特基,HC表示高速CMOS
③表示芯片逻辑功能,例如:151表示8选1数据选择器;
④表示芯片封装,例如:N表示PDIP封装,D表示SOIC封装

图 2.25　74 系列芯片型号命名规则

数字电路二值逻辑的高电平 1 和低电平 0 在实际电路中对应着不同的电压范围。实际应用中对应于不同系列的数字逻辑芯片不仅要能够准确地识别输入的电压是高电平还是低电平,还要能够输出能被后级电路准确识别的高电平或低电平。因此,对于数字逻辑芯片的逻辑电平有输入高低电平和输出高低电平的电压范围的限定标准,如表 2.3 所列。

表 2.3　逻辑电平对应电压范围

器件类型	V_{IH}/V	V_{IL}/V	V_{OH}/V	V_{OL}/V
5 V TTL 器件	≥2.0	≤0.8	≥2.4	≤0.4
5 V CMOS 器件	≥3.5	≤1.5	≥4.44	≤0.5

从表 2.3 中可以看出,对于 5 V 电源电压工作的 TTL 器件,端口输入电压 2.0 V 以上就会被识别为高电平 1,端口输出高电平要求电压在 2.4 V 以上,存在 0.4 V 的噪声容限,这也

是数字信号相对于模拟信号可靠性高的体现。

SN74HC00 是 TI(德州仪器)公司生产的 4 通道、2 输入与非门芯片,其具有 2~6 V 的宽工作电压范围,支持多达 10 个 LSTTL 负载的扇出,多用于实现简单的组合逻辑电路,其引脚排列见图 2.26。每个逻辑门以正逻辑执行布尔函数 $Y = \overline{A \cdot B}$,也就是对于 A、B 4 种输入组合 00、01、10 和 11,只有当输入 11 时输出 Y 为 0,其他输入时 Y 输出为 1。

SN74HC390 是 TI(德州仪器)公司生产的高速 CMOS 逻辑双路十进制纹波计数器,其内部集成了下降沿计数的两路二进制和五进制计数器,最大可以实现模 100 的计数以及对输入脉冲信号的 100 分频输出,其引脚排列和逻辑功能分别见图 2.27 和图 2.28。

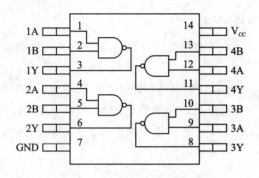

图 2.26　SN74HC00 引脚功能图　　　　图 2.27　SN74HC390 引脚排列图

$1\overline{CLK}_A$	$1Q_A$	$1\overline{CLK}_B$	$1Q_D$	$1Q_C$	$1Q_B$
↓	0	↓	0	0	0
↓	1	↓	0	0	1
↓	0	↓	0	1	0
↓	1	↓	0	1	1
↓	0	↓	0	0	0
↓	1	↓	0	0	0

INPUTS		ACTION
$\overline{CLK}$	CLR	
↑	L	No Change
↓	L	Count
×	H	ALL Qs Low

(a)　　　　　　　　　　　　(b)

图 2.28　SN74HC390 逻辑功能图

从图 2.27 和图 2.28 中可以看出,1CLR 和 2CLR 引脚是优先级最高的异步清零端,当 1CLR 和 2CLR 引脚高电平有效时,输出全部为零。CLK_A 和 Q_A,CLK_B 和 Q_D、Q_C、Q_B 引脚分别构成了二进制和五进制计数器,其中 CLK_A 和 CLK_B 是时钟脉冲输入端,下降沿有效;Q_A 和 Q_D、Q_C、Q_B 是计数状态输出端,分别实现 0、1 的二进制计数和 0~4 的五进制计数。

计数器用来统计输入脉冲的个数,一个模 N 的计数器表示计数结果最高位的输出信号又是输入脉冲的 N 分频信号,即计数器又是分频器。因此,一个二进制计数器是一个二分频电路,一个五进制计数器是一个五分频电路,将它们级联起来会得到一个十分频电路,即一个模十的计数器。从计数的角度推荐级联时,先二分频再五分频,即计数脉冲信号由 CLK_A 引脚输入,二分频的输出信号 Q_A 再连接到 CLK_B,这样 $Q_DQ_CQ_BQ_A$ 输出一个 8421BCD 码表示的

0～9 的模十计数器,如图 2.29 所示;从分频的角度推荐级联时,先五分频再二分频,即计数脉冲信号由 CLK_B 引脚输入,五分频的输出信号 Q_D 再连接到 CLK_A,这样 Q_A 输出一个计数脉冲十分频的 50% 占空比的脉冲信号,如图 2.30 所示。

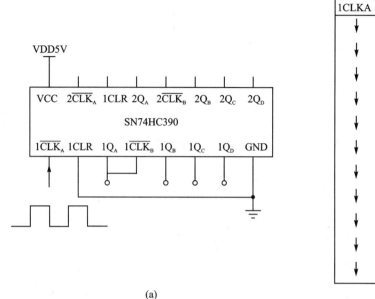

1CLKA	1Q_D	1Q_C	1Q_B	1Q_A
↓	0	0	0	0
↓	0	0	0	1
↓	0	0	1	0
↓	0	0	1	1
↓	0	1	0	0
↓	0	1	0	1
↓	0	1	1	0
↓	0	1	1	1
↓	1	0	0	0
↓	1	0	0	1
↓	0	0	0	0

(a)　　　　　　　　　　(b)

图 2.29　基于 SN74HC390 的 8421BCD 码模十计数器

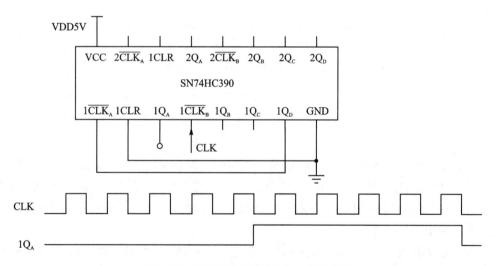

图 2.30　基于 SN74HC390 的十分频电路

CD74HC194 是 TI(德州仪器)公司生产的高速 CMOS 逻辑 4 位双向通用移位寄存器,能够在时钟上升沿作用下实现 4 位数据的左移、右移和并行置数功能。CD74HC194 通常用于实现环形和扭环形计数器,其引脚排列和逻辑功能分别见图 2.31 和图 2.32。

从图 2.31 和图 2.32 中可以看出,CD74HC194 的逻辑功能如下所述:

1) MR 引脚是优先级最高的异步清零端,当 MR 低电平有效、输出全部为零、正常工作时,应接高电平。

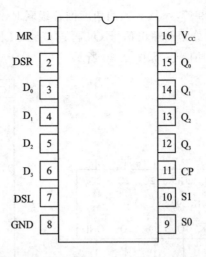

图 2.31　CD74HC194 引脚排列图

OPERATING MODE	INPUTS							OUTPUT			
	CP	$\overline{MR}$	S1	S0	DSR	DSL	D_n	Q_0	Q_1	Q_2	Q_3
Reset (Clear)	X	L	X	X	X	X	X	L	L	L	L
Hold (Do Nothing)	X	H	l	l	X	X	X	q_0	q_1	q_2	q_3
Shift Left	↑	H	h	l	X	l	X	q_1	q_1	q_3	L
	↑	H	h	l	X	h	X	q_1	q_2	q_3	H
Shift Right	↑	H	l	h	l	X	X	L	q_0	q_1	q_2
	↑	H	l	h	h	X	X	H	q_0	q_1	q_2
Paraller Load	↑	H	h	h	X	X	d_n	d_0	d_1	d_2	d_3

图 2.32　CD74HC194 逻辑功能图

2) S1、S0 决定了移位寄存器的工作模式,当 S1S0 为 00 时,工作在保持模式,输出保持不变;当 S1S0 为 01 时,工作在右移模式,CP 引脚来一个时钟脉冲上升沿,输出按 $Q_0Q_1Q_2Q_3$ 顺序依次向右移动 1 位,空出的 Q_0 补 DSR(右移置数端)的值;当 S1S0 为 10 时,工作在左移模式,CP 引脚来一个时钟脉冲上升沿,输出按 $Q_0Q_1Q_2Q_3$ 顺序依次向左移动 1 位,空出的 Q_3 补 DSL(左移置数端)的值;当 S1S0 为 11 时,工作在并行送数模式,在 CP 引脚时钟脉冲上升沿作用下,将数据输入端 $D_0D_1D_2D_3$ 的值送给 $Q_0Q_1Q_2Q_3$ 输出。并行送数模式通常用于设置移位寄存器的输出初始状态。

将 Q_3 接 DSR 或 Q_0 接 DSL,构成一个 4 位左移或右移的环形计数器,例如,1000→0100→0010→0001→1000 的 3 个 0 和 1 个 1 构成的 4 位右移环形计数器。对于自启动功能要求的环形计数器,需要根据各状态的状态转移需求正确设定 DSR 或 DSL 的值。

2.7　51 单片机

单片机即单片微型计算机(Single-Chip Microcomputer),又称为微控制器 MCU(Microcontroller unit),是在一块半导体硅片上集成了中央处理器 CPU、随机存取存储器 RAM、只读存储器 ROM、I/O 接口、定时/计数器及串行通信接口等组件的数字系统。

20 世纪 70 年代,以 Inter 公司的 MCS48 系列单片机为代表的 8 位单片机开启了工业控制领域的智能化控制时代,而随着 MCS51 系列单片机的上市,单片机的发展和应用进入到了百花齐放、百家争鸣的黄金时代。8051 单片机是 Inter 公司于 1980 年推出的 MCS51 系列单片机的第一个成员,取得了极大的成功,后面人们将所有公司生产的以 8051 为核心单元的其他派生单片机都称为 51 单片机。

2.7.1　AT89S51 单片机

AT89S51 单片机是美国 ATMEL 公司(已被 MicroChip 公司收购)生产的低功耗、高性能的 CMOS 8 位单片机,其采用 ATMEL 公司的高密度、非易失性存储技术,兼容标准 8051 指令系统及引脚,具有如下外围部件及特性:

1) 8 位微处理器 CPU;

2) 数据存储器 128B RAM;

3) 程序存储器 4KB Flash ROM;

4) 4 个 8 位可编程并行 I/O 口(P0 口、P1 口,P2 口,P3 口);

5) 1 个全双工的异步串行口;

6) 2 个可编程的 16 位定时器/计数器;

7) 1 个看门狗定时器;

8) 中断系统具有 5 个中断源、5 个中断向量;

9) 26 个特殊功能寄存器(SFR);

10) 低功耗模式有空闲模式和掉电模式,且具有掉电模式下的中断恢复模式;

11) 3 个程序加密锁定位。

40 脚双列直插式封装的 AT89S51 的引脚排列如图 2.33 所示。

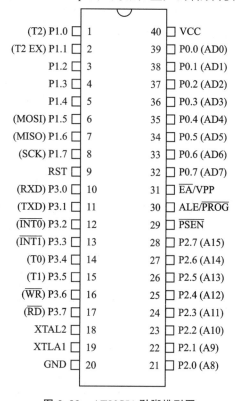

图 2.33　AT89S51 引脚排列图

2.7.2　STC89C52RC(90C)单片机

STC89C52RC 单片机是国内宏晶科技公司推出的新一代高速、低功耗、超强抗干扰的单片机,其指令代码完全兼容传统 8051 单片机,可以选择 12 时钟机器周期或 6 时钟机器周期模式。STC89C52RC 单片机具有如下外围部件及特性:

1) 增强型 8051 单片机,6T/12T 机器周期可选;

2) 工作频率范围:0～40 MHz;

3) 用户应用程序空间 8k,片上集成 512B RAM;

4) 通用 I/O 口 35/39 人,有 EEPROM 和看门狗功能;

5) 支持 ISP 在系统编程和 IAP 在应用编程;

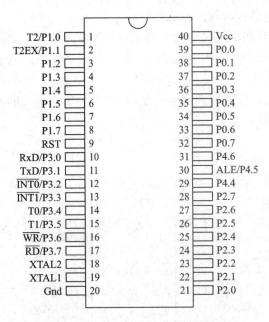

图 2.34 STC89C52RC(90C)引脚排列图

6) 内部集成 MAX810 专用复位电路;

7) 内部有 3 个 16 位定时/计数器,4 路外部中断;

8) 通用异步串行口(UART),还可用定时器软件实现多个 UART。

STC89C52RC(90C)单片机有 44 脚和 40 脚两种封装,其 PDIP - 40 引脚排列如图 2.34 所示。40 个引脚按照功能可以分为三类,分别是电源和时钟引脚,Vcc、Gnd、XTAL2 和 XTAL1;控制引脚,RST 和 ALE;输入输出 I/O 口引脚,P0~P4。单片机在系统时钟节拍下,从程序存储器中取出指令并执行完成相应功能,其能够工作的最小电路模块称为单片机最小系统,通常由单片机、时钟电路和复位电路所组成,如图 2.35 所示。47 pF 的独石电容 C_1、C_2 和 12 MHz 的晶振 X_1 组成外部时钟电路为单

片机提供 12 MHz 的系统时钟;10 μF 的电解电容 C_3、510 Ω 的电阻 R_1、10 kΩ 的电阻 R_2 和轻触按键 KEYR 组成了按键复位电路,实现了单片机上电高电平复位功能和运行过程中的按键高电平复位功能;P0 口是漏极开漏输出,工作时须外接上拉电阻,电路由 10 kΩ 排阻 RN1 组成。

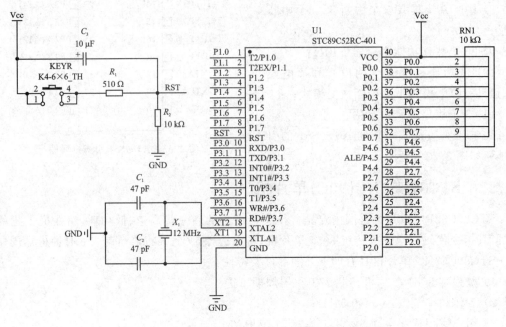

图 2.35 STC89C52RC(90C)单片机最小系统电路图

2.8　晶体振荡器

　　晶体振荡器又称为晶振,是在石英晶体上按一定方位切下薄片,将薄片两端抛光并涂上导电的银层,再从银层上引出 2 个电极并封装起来构成的元件。利用石英晶体的压电效应,给晶体加上适当的交变电压,晶体就会谐振产生稳定的单频振荡信号。晶体振荡器常用于给处理器提供稳定的时钟信号,其电路符号和内部等效电路如图 2.36 所示。

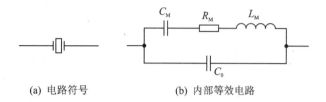

(a) 电路符号　　　　　　　(b) 内部等效电路

图 2.36　晶体振荡器电路符号和内部等效电路

　　在实际应用中,晶振又分为有源晶振和无源晶振。无源晶振需要配合外部振荡电路才能够起振产生时钟信号,而有源晶振是将无源晶振和振荡电路封装起来,工作时只需要提供电源就能稳定输出时钟信号。有源晶振和无源晶振的实物图见图 2.37。有源晶振相对于无源晶振价格较高,但有源晶振输出振荡信号的精度和稳定性更好。在实际工程应用中,应根据应用需求灵活选择无源或者有源晶振,如果对时钟精度要求不高,优先选择无源晶振,例如应用在51 单片机最小系统的时钟电路中。

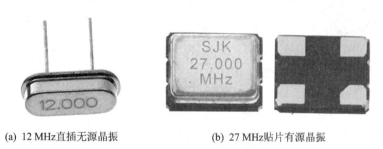

(a) 12 MHz直插无源晶振　　　　　(b) 27 MHz贴片有源晶振

图 2.37　有源晶振和无源晶振实物图

2.9　轻触和拨码开关

　　轻触开关也叫按键开关,是一种开关型的电子元器件,内部结构是依靠金属弹片受力变化来实现节点间的接通或断开,受力多来自人工施加操作力实现。轻触开关作为一种方便易用的电子开关,在工作生活中随处可见,应用十分广泛。

　　轻触开关有多种封装形式和尺寸,常见的圆形按钮单刀单掷直插型轻触开关如图 2.38 所示。从图中可以看出,引脚 1 和引脚 2 以及引脚 3 和引脚 4 在物理上是分别连通的,当圆形按钮没有按下去时,引脚 1 和引脚 4 是不连通的;当按钮按下去时,引脚 1 和引脚 4 连通。根据这种连通性,可以非常方便地利用万用表连通性挡位对按键引脚和功能进行测试。

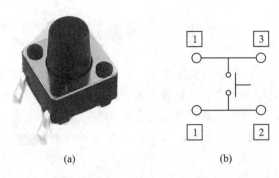

(a)   (b)

图 2.38　直插型轻触开关

　　还有一种常见的带自锁功能的直插型矩形柱塞按钮双刀双掷轻触开关,如图 2.39 所示。从图中可以看出,有 2 种连通特性的 6 引脚自锁开关。一种是当按键没有按下时,引脚 1 和引脚 2 连通,引脚 4 和引脚 5 连通;当按键按下去时,引脚 2 和引脚 3 连通,引脚 5 和引脚 6 连通。另一种是当按键没按下时,引脚 1 和引脚 3 连通,引脚 4 和引脚 6 连通;当按键按下时,引脚 2 和引脚 3 连通,引脚 4 和引脚 5 连通。

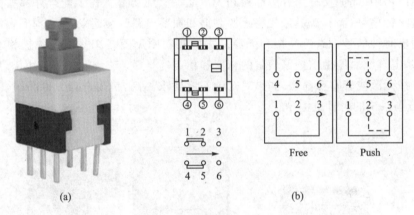

(a)   (b)

图 2.39　六脚自锁开关

　　拨码开关也叫拨动开关,是一种用来操作控制的地址开关,其采用的是 0/1 二进制编码原理,也就是将多路单刀单掷开关封装在一起。常见的拨码开关有 2～10 路开关,在通信、安防等诸多设备上广泛应用。拨码开关可以分为引脚间距 1.27 mm 或 2.54 mm 的、平拨或侧拨、凸起式或凹槽式,直插或贴片等各种型号。6 路平拨凸起式直插拨码开关实物如图 2.40 所示。从图中可以看出,器件一共有 6 路单刀单掷开关,当白色开关拨下时,上下引脚不连通,当白色开关拨上时,上下引脚连通。

图 2.40　拨码开关实物图

　　轻触开关和拨码开关在实际应用选型时还需要考虑触点电流、额定电压、绝缘电阻和导通电阻等参数。

2.10　电子显示器件

在工程运用中,通常需要实时显示系统运行的结果或进行人机交互的界面,因此种类繁多、功能迥异的电子显示器件应用在各自的应用场景中。

2.10.1　数码管

数码管是由多个发光二极管封装在一起组成的显示器件,能够显示数字、字母等信息。数码管按照显示数字位数可以分为一位、二位、三位,四位和多位数码管;按照每位显示数字的发光二极管个数(段数)可以分为 7 段、8 段、9 段,14 段和 16 段数码管;按照数码管内部发光二极管公共端的连接方式可以分为共阴极和共阳极的数码管。

一位共阳极 8 段数码管的实物和内部结构如图 2.41 所示。图中型号"5611BH"中的"56"表示 8 字的高度为 0.56 英寸,"11"表示 1 位数码管,模具号 1,"B"表示共阳极数码管,"H"表示发光颜色为红色。从其内部结构可以看出,8 段数码管由 a 段～g 段 7 段构成的 8 字形和dp 右下角小数点所组成,这 8 段发光二极管的阳极连接在一起作为 COM(公共)端,构成了共阳极数码管。要使这位数码管上显示"1",应进行如下控制:

1)公共端引脚 3 或引脚 8 接上高电平,使数码管能够被点亮;

2)b、c 段给低电平,其他段给高电平,使数码管上显示"1"。

图 2.41　一位共阳极数码管实物和结构示意图

四位共阳极 8 段数码管的实物和内部结构如图 2.42 所示。从图中可以看出,四位数码管是将 4 个一位数码管封装在一起。四位数码管的 a～g 段和小数点 DP 由同一组引脚控制引出,称为段选端;四位数码管的公共端分别引出,称为位选端。引脚顺序是从数码管的正面观看,最左下角为引脚 1,然后逆时针方向旋转为引脚 1～12,其中引脚 12、9、8 和 6 为公共引脚,即位选端,剩余 8 个引脚对应 a～g 段和小数点 DP,即段选端。

不管多么简单或复杂的数码管应用,对于数码管的驱动都是分以下 2 步来进行的。

1)控制数码管的位选,决定了哪些位的数码管能够被点亮显示;

2)控制数码管的段选,决定了被点亮的数码管上显示什么样的字符。

由于数码管的段选端端口较多,控制起来占用较多 I/O 口,多数应用中都会使用 7447 或7448、TM1638 等数码管专用驱动芯片来优化电路设计。对于一位以上数码管,通常使用动态扫描的驱动方式以便数码管上显示不同的字符,即

1）以较快频率循环输出动态变化的位选信号，确保同一时刻只有一位数码管的位选被打开；

2）在相应位选打开时送出正确的段选信号。

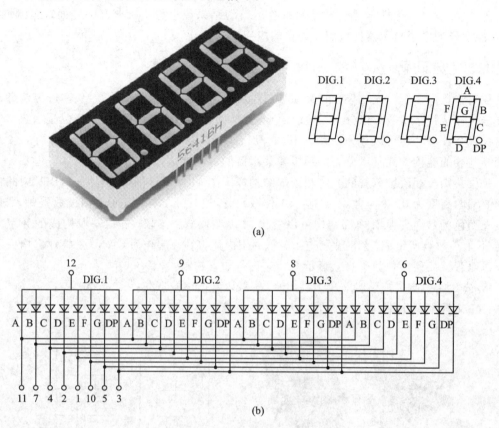

图 2.42　四位共阳极数码管实物和结构示意图

2.10.2　LED 点阵

LED 点阵是以发光二极管为像素点，将多个发光二极管按序阵列组合封装而成，具有高亮度、低功耗和长寿命等特点，广泛应用于公共场合的广告屏和公告牌等。

LED 点阵按照发光二极管阵列排列组合方式，可以分为共阳极点阵和共阴极点阵，通过每行是共阳还是共阴连接或点阵引脚1是阳极还是阴极来判定。LED 点阵按照像素点数有 4×4、8×8、16×16、24×24 等多种尺寸。通过控制行列中像素点的亮灭，LED 点阵可以方便地显示文字、图片和动画等。8×8 红光共阳 LED 点阵实物和内部结构如图 2.43 所示。从图中可以看出，要点亮左上角的发光二极管，只需要引脚9给高电平，引脚13给低电平即可。LED 点阵正常工作需要采用动态扫描的方式进行逐行或逐列扫描，硬件电路驱动上可以使用分离的器件，如三极管、74HC138 和 74HC245 等，或使用集成专用驱动芯片 TM1639 等来简化驱动电路设计。

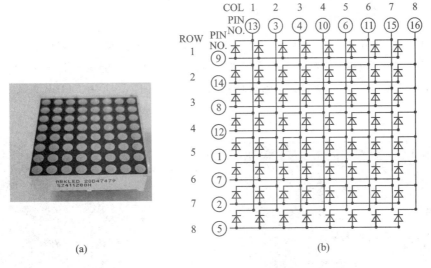

(a)   (b)

图 2.43　8×8 红光共阳 LED 点阵实物和结构示意图

2.10.3　通用型液晶显示模块

LCD(Liquid Crystal Display)显示屏是利用有机化合物液晶分子受到电场作用会改变排列状态,造成进入光线的扭曲或折射进而产生明暗效果将影像显示出来的原理,将液晶置于两片导电玻璃之间制作而成。液晶显示模块是以 LCD 显示屏为核心,配上专用的控制驱动 IC,例如 HD44870 等和外围元件组装而成,以达到方便使用控制显示的目的。LCD 液晶显示模块具有体积小、重量轻、功耗低、显示控制简单等特点,广泛应用于各行业显示领域中。

利用 LCD 液晶屏可以显示内容的不同,液晶显示模块可以分为数显液晶模块、点阵字符液晶模块和点阵图形液晶模块。

1)LCD1602 属于通用的字符液晶模块,是一种专门用于显示字母、数字和符号的点阵式 LCD,名称中的"1602"表示屏幕一共可以显示 2 行,每行显示 16 个字符。LCD1602 实物图见图 2.44。

2)LCD12864 属于通用的图形液晶模块,即液晶屏幕一共由 128 列、64 行组成,共有 128×64 个像素来显示各种图形。LCD12864 模块有带中文字库和无中文字库的不同版本,如果有汉字显示

图 2.44　LCD1602 实物图

的需求,选择带中文字库的版本软件驱动会相对简单。例如,FYD12864 - 0402B 内部含有国标一级、二级简体中文字库,包含 8 192 个 16×16 点汉字,其实物见图 2.45。

2.10.4 OLED 显示屏和 TFT 彩屏

OLED(organic light-emitting diode)即有机发光二极管显示屏,是利用有机半导体材料和发光材料在电流驱动下发光显示原理制作而成。OLED 显示屏具有自发光、发光效率高、宽视角,易于实现软屏显示等特点,在数码产品上得到了广泛应用。OLED 显示屏实物见图 2.46。

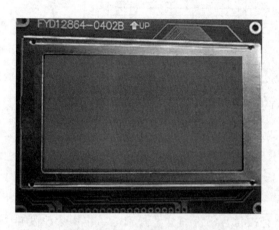

图 2.45　LCD12864 实物图

图 2.46　OLED 实物图

TFT(thin film transistor)即薄膜晶体管显示屏,屏幕上每一个像素点都是由集成在其后面的薄膜晶体管所驱动,具有响应速度快、色彩逼真等特点,广泛应用于数码产品和电子仪器。目前流行的智能串口屏即带有串口通信功能的 TFT 显示模块,能够通过上位机方便快捷地设置屏幕显示内容。3.5 英寸智能串口屏裸屏实物见图 2.47。

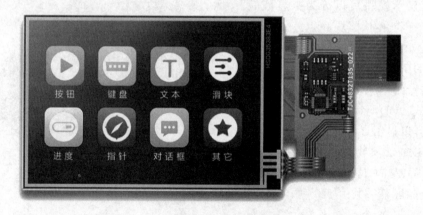

图 2.47　3.5 英寸智能串口屏裸屏实物图

2.11　各种接插件

在实际电路中,为方便电路元件、模块、电路板之间的拆装和连接,方便电路板设计和测试同时保证电路连接的可靠性和稳定性,专用的电子连接器和端子得到了广泛应用。

1）排针和排母是电路板上信号传输连接最常见的连接器件,两者可以直接对插实现电气连接。排针和排母有多种样式,包括引脚间距、排数、安装方式等的不同,实际应用中应灵活选择。直角单、双排排针和圆孔单排排母如图2.48所示。

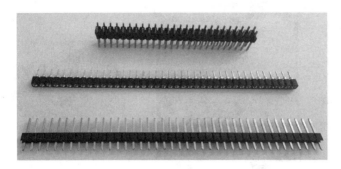

图2.48 排针排母实物图

2）杜邦线是美国杜邦公司发明生产的一种具有特殊效用的缝纫线,通常在电路实验中与排针、排母配合使用实现端口间可靠的电气连接和方便插拔。杜邦线两端接头有公对公、公对母、母对母的样式,公对母杜邦线实物图见图2.49。杜邦线有多种颜色,一般红色和黑色用来连接电源和地线,黄色和绿色等其他颜色用来连接信号线。

3）芯片座也叫IC座,在电路中多用于DIP或PLCC封装元件的电气连接,以方便芯片更换,常见的16引脚DIP封装IC座如图2.50所示。从图中可以看出,芯片座在电气连接特性上是没有方向极性的,但从工艺规范的角度出发,芯片座的缺口应与实际安装芯片缺口方向对应放置。

图2.49 公对母杜邦线实物图

图2.50 DIP16芯片座实物图

4）USB连接器,即支持USB通用串行总线的各类电子产品相互连通的接口,随着USB协议从USB1.0发展到USB4 Ver2.0,USB连接器的类型也从Type-A、Type-B、Mini usb、Micro usb到Type-C,不同协议版本对应的相同类型连接器接口有所不同,一般遵循向下兼容原则。例如,USB2.0的Type-A连接器有4个引脚,而USB3.0的Type-A连接器有9个引脚,其中4个引脚与USB2.0相同,以便实现向下兼容。USB2.0的Type-A连接器直插90°母座的实物图见图2.51,引脚1和引脚4分别为电源脚V_{cc}和GND,引脚2和引脚3是用于 USB 协议数据传输的差分信号线 D− 和 D＋,当用作电源接口时,可以仅使用引脚 1 和引脚 4。

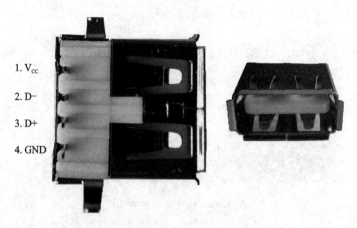

1. V_{cc}

2. D−

3. D+

4. GND

图 2.51　USB2.0 的 Type－A 母座实物图

第 3 章 电路识图与仿真

在电子技术领域,功能简单亦或复杂的电子系统设计阶段的目标都是得到准确无误、符合应用需求的电路原理图。在这个过程中,电路仿真设计软件得到了广泛应用,人们利用它能够方便快捷地验证设计的正确性,提高工作效率。对于电路初学者来说,正确识图、熟练运用电路仿真软件并在其帮助下理解和掌握电路工作原理是非常重要的。

3.1 电路和电路原理图

在日常生活中,各种各样的电子产品随处可见,这些产品中都包含了简单或复杂的电路。电路是由电气元件相互连接而成、具有特定功能的整体。一个发光二极管指示电路的实物如图 3.1 所示,整个实物电路由一个白色电池盒、2 节 1.5 V 干电池、一个 510 Ω 精密金属膜电阻、一个绿色发光二极管、一根红色导线和一根黑色导线相互连接所构成。电路实物是电路设计制作的最终呈现,并不能非常直观地阐述电路工作原理。为便于电路设计原理的描述、交流和排错,需要在电路设计阶段呈现规范且详细的电路原理图。

电路原理图是用来体现电路工作原理的电路图,是将电子电气元部件用其通用图形符号表示并将各部件引脚依据电路原理

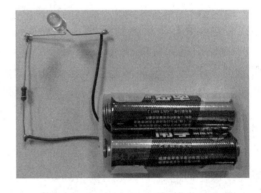

图 3.1 发光二极管指示电路实物图

通过绘制导线连接起来的电路图。发光二极管指示电路的原理如图 3.2 所示。

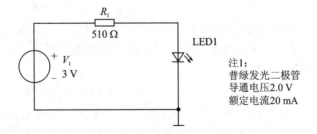

图 3.2 发光二极管指示电路原理图

3.2 电路识图方法

掌握电路识图方法能有效帮助初学者在快速熟悉电路工作原理的基础上,通过仿真软件验证电路功能并将电路具体实现。在掌握一定的电子技术基础知识前提下,可以按照以下步

骤逐步完成电路识图：

1）理解电路功能，即清楚认知电路是用来实现什么功能的，如何检测电路是否正常工作；

2）明确电路工作电压、输入/输出端口，即电路的电源是如何提供的，电路的输入和输出端口分别在哪里，是什么样的信号；

3）按信号流向从左往右逐级了解电路中各子模块功能以及各模块之间的电路接口；

4）逐个认知各模块中所有的元器件及其相应元件参数和元器件之间的电路连接；

5）尝试理解模块中每个元件的功能、参数设计和选型依据，理解元件对电路功能和性能的影响；

6）在掌握电路工作原理的基础上能够更改电路结构、元件或连接等来满足新的应用需求。

上述步骤中的1）～4）是电路识图的基本要求；5）和6）是提高要求，是在所掌握知识技能和对原电路工作原理正确认知基础上的综合运用，是学以致用乃至创新的目标体现。对于图3.2所示的发光二极管指示电路原理，按步骤识图如下：

1）电路实现了发光二极管指示功能，即电路正确连接后发光二极管将被点亮。

2）电路输入是3 V直流电压，可以通过2节1.5 V电池串联或直流稳压电源供电，电路输出是流过发光二极管的电流，使二极管发亮。

3）电路由电源模块、限流模块和指示模块构成。电源模块用来给电路供电，其输出正极接限流模块；限流模块限制流过发光二极管的电流，接指示模块发光二极管正极；指示模块发光二极管在电路正常工作时点亮，其负极接电源模块负极，构成闭合信号回路。

4）限流模块由一个510 Ω色环电阻构成，指示模块由导通电压2.0 V、额定电流20 mA的普绿发光二极管组成。

5）电路要求3 V工作电压下发光二极管能够正常点亮且不因电流过大而烧坏，对发光二极管亮度即正向电流大小无明确指标要求。因此，电源要求能够输出3 V直流电压和满足负载工作要求的电流，1节5号干电池可以提供1.5 V直流电压和几百毫安的工作电流，2节5号干电池串联可以满足电源供电要求；发光二极管选择导通电压为2 V（小于3 V）的普绿发光二极管，限流电阻阻值根据欧姆定律求得

$$(3 \text{ V} - 2 \text{ V}) \div 510 \text{ } \Omega = 1.96 \text{ mA} < 20 \text{ mA}$$

推导得到的限流电阻阻值过大或过小都不合适，阻值过大会导致流过发光二极管的电流过小因而亮度不够，阻值过小可能导致因电流过大而损坏发光二极管；限流电阻可使用常见的±1%精度的5环精密金属膜电阻。

6）实际应用中发现510 Ω电阻限定的1.96 mA正向电流导致发光二极管亮度不够，根据限流模块工作原理，可适当减小限流电阻阻值，例如选择330 Ω的电阻；新应用中需要手动控制发光二极管的亮或灭，可以在电路中的电源模块和限流模块之间接入拨动开关或自锁按键。

电路识图涉及理论知识和工程实践技能的综合运用，须循序渐进，遵循正确的方法和流程，逐步提高电路识图能力和技巧。

3.3 电路仿真

在现代电子系统设计开发流程中,电路仿真验证是不可或缺的环节,能够有效提高设计效率和成功率,降低开发成本。目前主流的电路仿真软件都是基于 SPICE(Simulation Program with Integrated Circuit Emphasis)全球标准的集成电路仿真器开发的,例如 NI 公司开发的 Multisim、TI 公司使用的 PSpice for TI 和 TINA‑TI、ADI 公司和立创 EDA 使用的 LTspice 等。本节以国内大学教育中应用广泛的 Multisim 为例,介绍电路仿真软件的实际应用。

Multisim 集成了业界标准的 SPICE 仿真以及交互式电路图环境,可即时可视化分析电子电路的行为,适用于模拟、数字和电力电子领域的教学和研究,其主要功能特点如下:

1) 将交互式仿真与 20 种分析类型相结合,更快速设计模拟和数字电路;

2) 将实验和理论相结合,并排比较实际结果和模拟结果;

3) 设计包含超过 55 000 个经制造商验证设备的综合库。

Multisim 软件又分为教学版和开发版,教学版是用于模拟、数字和电力电子课程和实验室的电路教学应用软件;开发版为工程师提供了 SPICE 仿真、分析和 PCB 设计工具,帮助其在整个设计过程中快速进行迭代,提高原型性能。可以在 NI 官网下载教学版的免费试用版用于课程学习。

3.3.1 软件基本界面

Multisim 教学版为教师和学生提供了 30 多种直观的仿真仪器、20 多种易于配置的分析函数以及丰富的交互式组件,轻松可视化电路行为,有助于教师进行理论和实验课教学,其软件基本界面如图 3.3 所示。

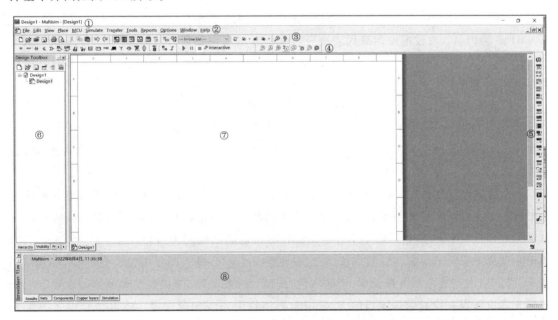

图 3.3 Multisim 软件基本界面

1）标题栏指示当前选中的设计文件；

2）菜单栏包括文件、编辑、视图、放置元件、仿真等常用功能下拉菜单；

3）快捷工具栏包含常用命令的快捷图标，例如新建、保存、打印等；

4）常用工具栏包括元器件工具栏、仿真工具栏和探针工具栏等，这些常用工具栏可以根据设计需要和用户习惯灵活设置是否显示；

5）侧边仪器栏包括万用表、函数信号发生器、示波器和波特图仪等常用的虚拟仪表；

6）设计管理窗口显示当前打开的所有设计文件或工程的相关信息；

7）电路图绘制窗口是电路仿真设计的主要工作区，在这里完成电路原理图的绘制连接和交互仿真；

8）图纸信息窗口显示仿真运行的各种信息和电路图中元器件和网络的相关信息。

3.3.2 软件基本操作流程

Multisim 软件的基本操作比较简单，使用者可以通过 Multisim 软件中的电路图界面轻松选择元件、搭建原理图，并通过内含的仿真仪器或高级分析函数测量电路行为，检查仿真结果。基于 Multisim 软件电路仿真的基本操作流程如下：

1）新建设计文件：新建一个空白的或基于官方、用户模板的原理图文件；

2）工程属性设定：包括原理图图纸编辑、元器件属性显示和符号标准选择等；

3）电路器件布局：参考电路原理图选择对应的元器件及虚拟电源并规范布局到原理图纸上，然后正确设置元器件及电源的相关参数；

4）完成电路连接：利用导线或 connector 完成元器件引脚和仪表输入输出端口之间的网络连接；

5）运行原理图电气规则检查：排除电路错连或漏连等问题，直到电路没有错误和警告；

6）启动仿真：通过虚拟仿真仪表或高级分析方法观察并分析电路结果，如果电路结果不符合预期，则需要在分析电路错误现象的基础上逐步修改电路结构或调整元器件参数直到电路结果无误为止。

3.1 节所述的发光二极管指示电路仿真操作流程如下：

1）在 File 菜单下单击 New... 或单击快捷工具栏中的 New...，或按组合快捷键 CTRL＋N，在弹出的新设计窗口选择 Blank 空白设计，然后单击 Create，完成新设计文件创建，如图 3.4 所示。

2）"新建设计文件"完成界面如图 3.5 所示，设计管理窗口和电路图绘制窗口出现默认名为 Design1 的设计文件和图纸，图纸显示大小和位置可以灵活设定，例如鼠标滚轮可以控制图纸的缩放显示，Ctrl＋滚轮可以上下观看图纸。右击电路图绘制窗口中任意空白处，在弹出的菜单中选择 Properties 属性设置或按组合快捷键 Ctrl＋M，进入图纸属性设置窗口，如图 3.6 所示，可以依次完成图纸可视元素、主题颜色、图纸尺寸和显示、导线宽度和字体等设置。图纸可视元素也可以在设计管理窗口的 Visibility 标签栏下完成相应设定。本次操作设置图纸大小为 A4、横向、公制单位厘米，显示格点和边框，其他保持默认，如图 3.7 所示，然后依次单击 Apply 和 OK 按钮保存设置。

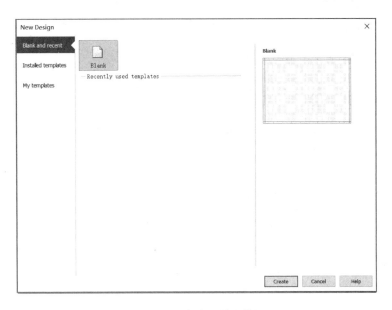

图 3.4　新建设计文件

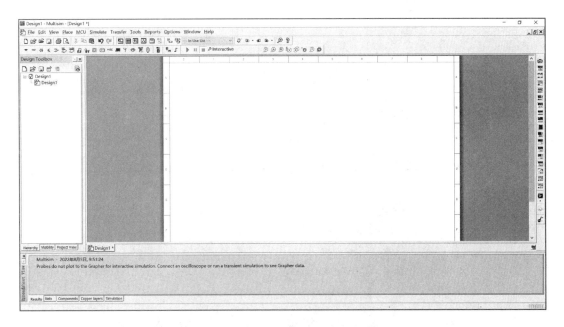

图 3.5　Design1 设计文件和原理图纸

3) 在参考原理图放置元器件前,须根据实际工程规范性要求选择对应的原理图符号标准。在 Options 菜单栏下单击 Global options,在弹出的窗口中选择 Components 标签,如图 3.8 所示,这里选择 IEC 60617 国际电工委员会电气制图符号标准,同时也可以根据操作习惯选择单次放置或连续放置元器件等选项。

4) 参考发光二极管指示电路,单击 Place 菜单下的 Component...,或按快捷键 CTRL＋W 在弹出的元件选择窗口的主数据库下依次从组别 Sources、系列 POWER_SOURCES,组别

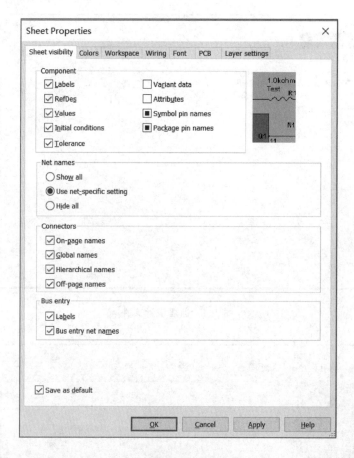

图 3.6　图纸属性设置窗口

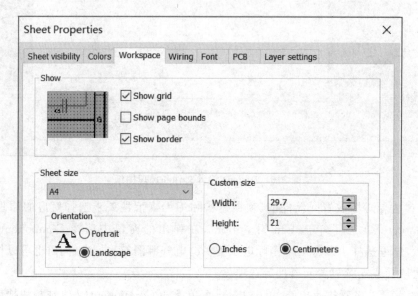

图 3.7　图纸尺寸设置

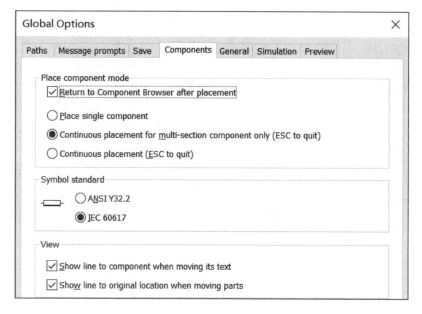

图 3.8　元器件全局设置

Basic、系列 RESISTOR，组别 Diodes、系列 LED 中选出相应元件，然后击 OK 放置到原理图上，如图 3.9 和图 3.10 所示。也可以通过选择常用工具栏中元器件工作栏的 Place Source、Place Basic 和 Place Diode 图标快速进入相应元器件选择窗口。

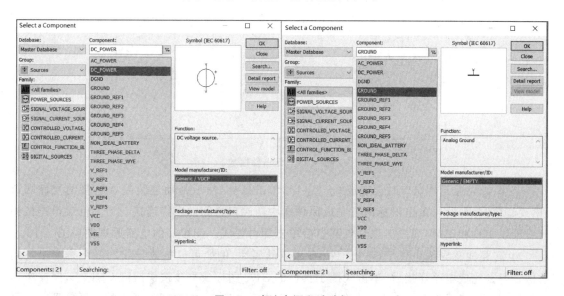

图 3.9　直流电源和地选择

5）元件在原理图中的位置可以任意拖动，且每个元件的摆放方向可以通过组合快捷键 Alt＋Y 垂直翻转、Alt＋X 水平翻转、Ctrl＋R 顺时针旋转 $90°$，Ctrl＋Shift＋R 逆时针旋转 $90°$ 进行适当调整。将元件居中且参考原理图摆放，如图 3.11 所示，需要注意到 DC_POWER 默认值为 12 V，可以直接双击元件，或单击选中元件，在弹出菜单中选择 Properties 进入属性

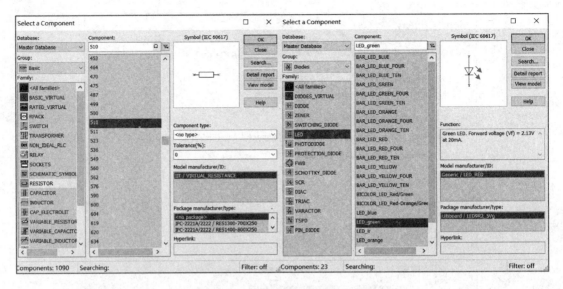

图 3.10 电阻和发光二极管选择

Value 设置标签,更改电压值为 3 V,然后单击 OK,如图 3.12 所示。用同样方法可以更改电阻的阻值或发光二极管的工作电流等参数。

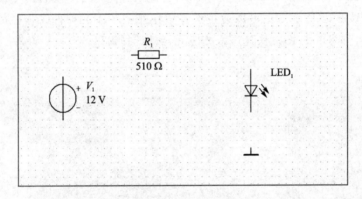

图 3.11 元器件摆放

6) 鼠标靠近元件端口时会变成"十"字形,单击鼠标,然后拖动连线到要连接的元件端口(出现红色圆点)时再单击鼠标即可完成原理图中两端口之间的网络连接。当元件端口连接到已有导线实现相交时,同样出现红色圆点后单击即可完成。连接好的电路原理图见图 3.13。

7) 需要注意导线也属于电气元件,有相应的属性,例如可以更改导线的颜色来突出不同的信号等。完成电路连接后,单击快捷工具栏的 Save 图标或直接按快捷键 Ctrl+S,保存原理图文件到相应目录下并修改名称为"发光二极管指示电路"。在原理图下方的图纸信息窗口可以快速查阅并修改原理图中元件和网络的相关信息,如图 3.14 所示。

8) 在 Tools 菜单栏下单击 Electrical rules check,进入原理图电气规则检查窗口,如图 3.15 所示,窗口包括 ERC options 和 ERC rules 两个界面,分别完成 ERC 检查范围、ERC 标记,检查结果输出设定和 ERC 检查规则设定。ERC 检查规则包括对输入引脚、输出引脚、集电极开路引脚、3 态引脚、电源引脚等引脚连接方式的正确、错误或警告的设置。

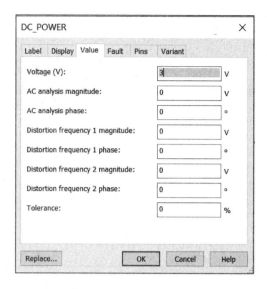

图 3.12　直流电源输出电压值更改

图 3.13　元器件电路连接

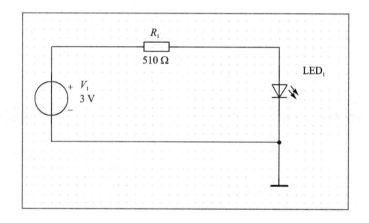

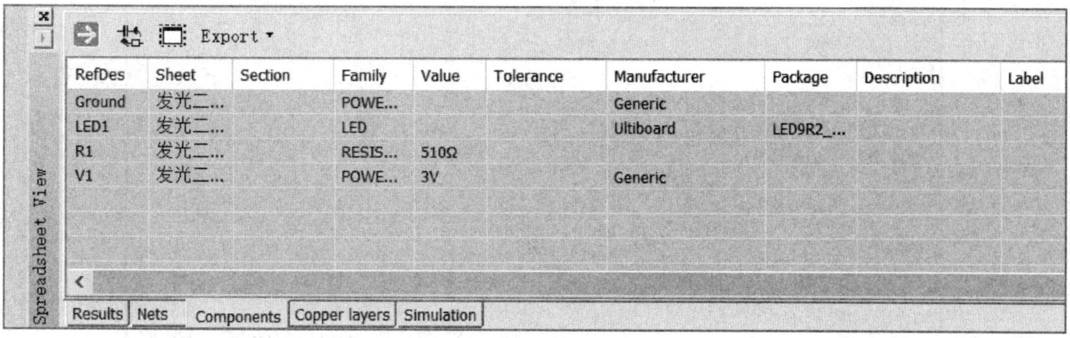

图 3.14　原理图信息查看

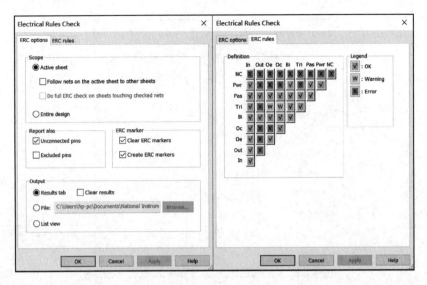

图 3.15　原理图电气规则检查设定

9）电气规则检查无错误和警告后，在 Simulate 菜单栏下单击 Analyses and Simulation，进入交互式仿真和高级分析方法设定窗口，可以根据实际电路仿真需求设定仿真初始条件、仿真持续时间和步长，各种高级分析方法的电路分析参数设置和输出显示设置等。通常在实际电路交互仿真中会设定仿真初始条件从零开始，如图 3.16 所示。

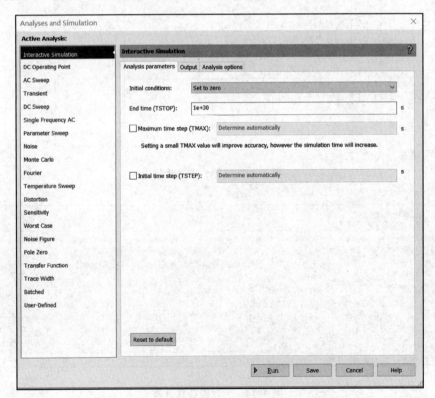

图 3.16　交互式仿真设定

10) 在 Simulate 菜单栏下单击 Run 或直接单击常用工具栏中仿真运行工作栏的绿色三角箭头 Run 图标,启动电路仿真,观察实验结果如图 3.17 所示。图中仿真电路能够正常运行,但发光二极管并没有如电路预期被点亮,此时需要实际测量电路中各节点电压和电流值,分析并排查电路故障。

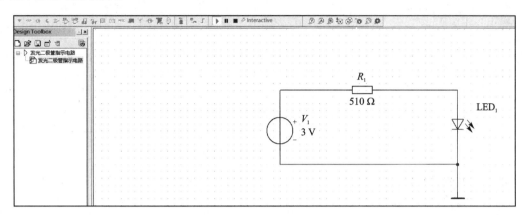

图 3.17　仿真运行结果

11) 在电路仿真运行状态,添加常用工具栏中探针工具栏的电压、电流探针测量发光二极管两端的电压和流过的电流。电压探针测试其放置点对地的电压,电流探针测试其放置点流过的电流,电路中可以随时添加多个电压和电流探针,将电压或电流探针拖动到要测试的节点或回路,单击放置即可,如图 3.18 所示。电流探针的方向可以在选中电流探针时,单击 Reverse probe direction 进行更改。

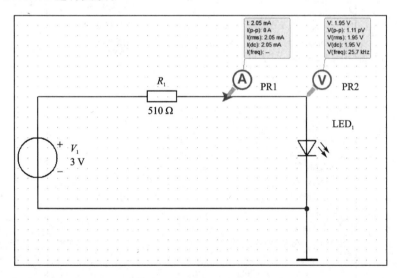

图 3.18　电压电流探针测量

在电路仿真停止时,可以使用软件界面侧边仪器栏的最上方仪表万用表(Multimeter)分别串入、并在发光二极管两端,然后启动仿真,使用万用表测量发光二极管流过的直流电流值和端电压,如图 3.19 所示。

使用万用表时,须根据被测信号的类型和参数正确选择测量挡位和连接表笔。因此,电路

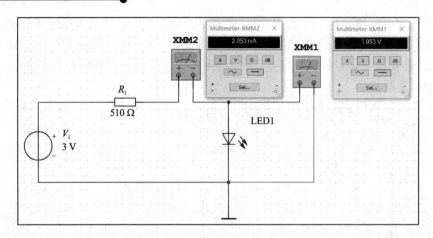

图 3.19 万用表测量电压电流

中测量导通电流时,串接万用表表笔并选择直流电流挡;测量端电压时,并接万用表表笔并选择直流电压挡。

对于直流信号工作的发光二极管指示电路,可以用直流分析方法直接观察电路中相应节点的电压和电流。首先,右击图纸空白处,选择属性,在弹出菜单栏选择 Sheet visibility,再在 Net name 下面选择 Show all,如图 3.20 所示;然后依次单击 Apply 和 OK,显示网络名称的原

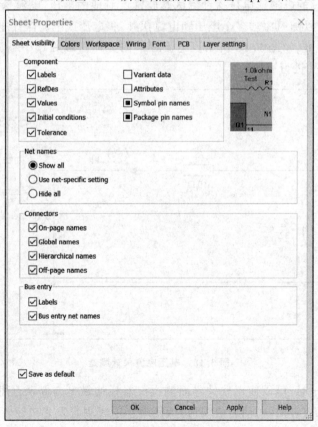

图 3.20 显示所有的网络名称

理如图 3.21 所示;再在 Simulate 菜单栏选择 Analyses and Simulation,在弹出窗口中选择直流工作点分析 DC Operating Point 项,并根据测量需求添加分析变量 $I(R_1)$ 和 $V(2)$,如图 3.22所示;最后单击 Run,完成分析。直流分析结果如图 3.23 所示。

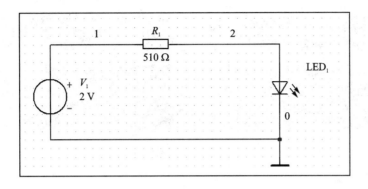

图 3.21　显示网络名称的原理图

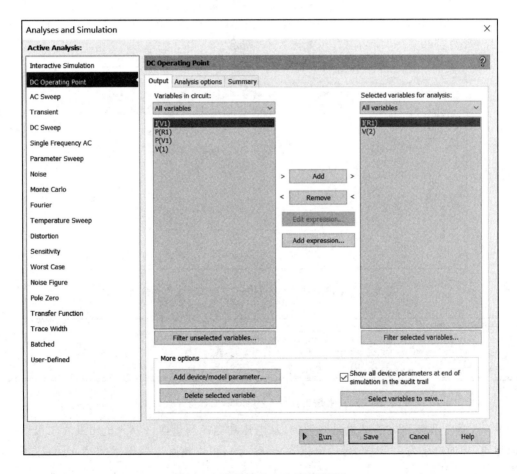

图 3.22　直流工作点分析变量添加

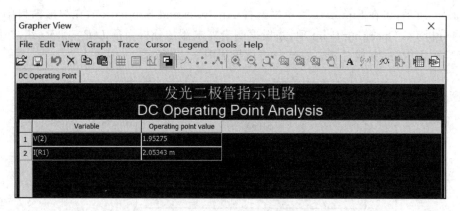

图 3.23   直流工作点分析结果

另外须注意,当运行直流工作点分析后,软件界面常用工具栏的 Simulation 工具显示 DC operating point,如图 3.24 所示。单击 DC operating point 可直接进入直流工作点分析的设置界面;单击绿色三角 Run 按钮将按上次设置直接运行直流工作点分析。如须切换回交互式仿真,在菜单栏 Simulate 下单击 Analyses and Simulation,在弹出窗口中选择 Interactive Simulation 标签,然后单击 save 保存即可,如图 3.25 所示。

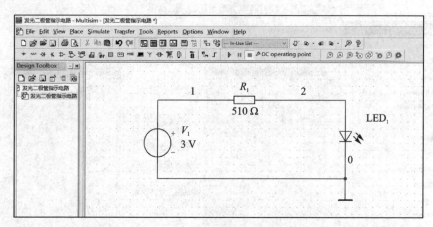

图 3.24   常用工具栏 Simulation 工具直流工作点分析

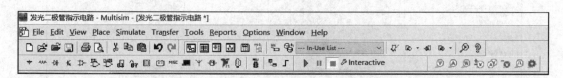

图 3.25   常用工具栏 Simulation 工具交互式仿真

12) 前述 3 种测量方法结果是一致的,从电压和电流测量值可以分析出发光二极管已经正向导通,导通电压为 1.95 V,导通电流为 2.05 mA,可以排除电路连接问题,电路故障出在元器件参数设置上。右击 LED_1,选择 Properties,在 Value 标签栏下查看导通电流默认值为 5 mA,大于仿真导通电流 2.05 mA,因此将其值改为 2 mA,如图 3.26 所示。同样可以通过提高电源电压或减小限流电阻 R_1 的阻值来满足发光二极管点亮导通电流为 5 mA 的要求。

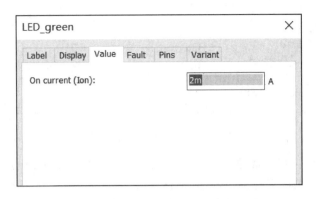

图 3.26　LED 导通电流设置

13）更改确认后,重新启动交互式仿真,可以观察到 LED$_1$ 被点亮,如图 3.27 所示。

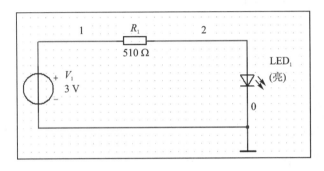

图 3.27　LED 指示灯点亮

在发光二极管指示电路的仿真流程中,须特别注意元器件参数的设置、虚拟仪表和高级分析方法的合理运用。

3.3.3　软件使用补充说明

Multisim 电路仿真软件功能十分强大,能够完成层次型原理图设计,支持多种虚拟仪表和高级分析方法的使用。熟练并正确掌握软件的使用,将有助于电路原理的分析、提高电路设计效率,因此软件具体操作时需要注意一些技巧、方法和细节。对于电子技术初学者应注意几点事项:

1）原理图中必须包含电源和接地,否则电路仿真可能不能正常运行,运行结果会提示警告信息"Warning:No ground node was found in your circuit. To ensure accurate simulation, add a ground component and simulate again"。

2）当电路图比较复杂、连线过多导致直接连线难度大,走线交叉过多不直观时,可以通过菜单栏 Place 菜单下 Connectors 子菜单下的 On-page connector 或按快捷键 Ctrl＋Alt＋O 来放置页内连接器实现当前原理图下不同元件端口之间的无导线连接,如图 3.28 所示。通过名称为 C_led 的两个页内连接器,可以完成限流电阻和发光二极管正极之间的电气连线。

3）当原理图绘制完成后,运用原理图电气规则检查,有助于排除因粗心等原因造成的电路错连和漏连问题,提高电路仿真设计的效率;当原理图较复杂时,适当的文本标注有助于提高原理图的可读性和可维护性。

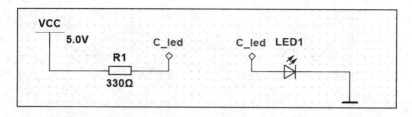

图 3.28　页内连接器的使用

4）Multisim 软件自带非常详尽的帮助文档，使用过程中遇到问题可以在 Help 菜单下的 Multisim help 中通过关键字查询。例如，不清楚万用表 Multimeter 的使用，可以进行查询，如图 3.29 所示。推荐使用英文版的软件，有助于提高电子技术专业英语文档的阅读能力。

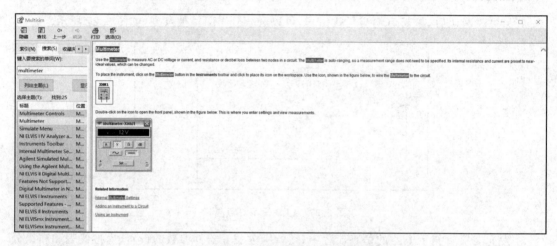

图 3.29　Multisim 帮助菜单使用

5）Multisim 软件集成了行业标准的 SPICE 仿真，其元器件的 SPICE 仿真模型用数学公式和相关参数模拟真实器件的物理表现，但这种模拟不可能百分百的还原真实器件和工作环境，再加上软件仿真算法可能存在的问题，导致 Multisim 仿真结果会与实际情况有所偏差，严重时仿真结果甚至可能与实际结果相反。因此，Multisim 软件只是电路辅助设计的一种工具，使用者需要兼备扎实的电路基础理论知识和电路设计工程实践经验，才能真正达到事半功倍的效果。

第4章　电路制作入门

电路初步设计完成后,设计者需要将实际电路制作出来做进一步的功能调试。无论是基于面包板的电路搭接、单双面万能板(网孔板)的电路焊接,还是基于 PCB 的电路设计制作,电路制作者都需要具备相应的技能和知识。

4.1　面包板的使用

面包板是一种免焊接的电路原型实验板,多用于电路原型的搭接和测试,由于早期电路制作者将体积比较大的电子元器件固定在类似切面包用的木板上进行连接,因此而得名,并沿用至今。现在的面包板结构基本一样,由塑料封装 5 孔金属条而成,有多种不同的规格,且利用边上的卡槽可以方便地将多块面包板拼接在一起。常见的 400 孔面包板实物如图 4.1 所示。

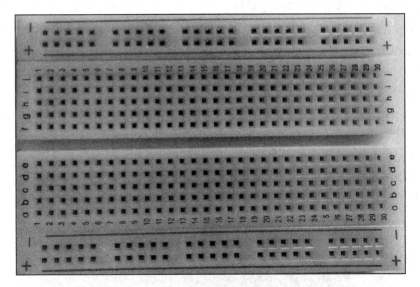

图 4.1　400 孔面包板实物图

从图中可以看出,面包板上整齐分布着许多小孔,小孔间距为 2.54 mm,并通过中间的凹槽分为上下对称的两部分,每部分由一个 5 行 30 列的宽条和一个 2 行 25 列的窄条构成。面包板内部结构如图 4.2 所示,宽条每 1 列的 5 个孔是连通的,每 1 行的任意 2 孔间是不连通的,即竖通横不通;窄条每 1 行的 25 个孔是连通的,每 1 列的 2 孔是不连通的,即横通竖不通。每 1 个小孔由靠的很紧的两个金属片构成。

使用面包板时,可以直接将直插元器件引脚插入或拔出面包板小孔,并配合单芯导线或公头杜邦线完成电路搭接。电路连接过程中,不需要焊接,方便了电路搭接和元器件的重复使用,非常适合电路的搭接和调试。为规范高效地使用面包板完成电路搭接,应注意以下事项:

1) 正确利用面包板上宽条和窄条的不同连通特性,合理放置元件和导线;

图 4.2　面包板内部结构图

2）每个小孔只能垂直插入一根元器件引脚或导线，避免造成金属片松动而导致接触不良；

3）插入小孔部分的导线长度在 8 mm 左右比较合适，过短容易接触不上，太长则可能出现捅穿与其他非连通小孔短路故障，导线线径 0.6 mm 能够实现稳固插入；

4）元器件放置离面包板表面不能太高，一方面接触不牢固，特别是当一侧引脚接电源或测试仪表夹子受力时；一方面引脚裸露的部分比较多，电路连接密集时容易发生触碰短路的故障；

5）导线走线应紧贴面包板表面，短且直，避免悬空交叉成网状；

6）放置双列直插式芯片时应用手按一下，保证接触良好，避免浮在面包板表面；

7）电路搭接同样应遵循信号流向，从左往右进行布局，先放置元器件后连线，面包板上方接入电源，下方接地，同时用不同颜色的线区分电源正负极和信号线。

用面包板搭接的四进制计数器电路实物如图 4.3 所示。

图 4.3　四进制计数器电路实物图

从图中可以看出：

1）元器件按信号流向从左往右整齐摆放，双路上升沿 D 触发器 SN74HC74 芯片缺口朝左、型号正对，跨接凹槽上下两侧放置；限流电阻和发光二极管紧贴面包板表面放置，限流电阻色环方向一致，发光二极管水平和垂直方向对齐；

2）电路搭接充分利用了面包板宽条和窄条不同的连通的特性。例如，限流电阻和发光二极管正极的连接利用了宽条竖通横不同特性，发光二极管负极接地利用了窄条横通竖不同的特性；

3）使用了不同颜色的导线来区分电源、地、控制信号和数据信号，红色导线表示电源正极，黑色导线表示电源负极（电路参考地），黄色导线表示清零和置位控制信号线，绿色导线表示计数数据信号；

4）面包板上方标识"＋"的红色一列用红色导线引出接输入电源正极，下方标识"－"的蓝色一列用黑色导线引出接输入电源负极，电路走线紧贴面包板表面，短且直，不交叉，导线拐角为圆弧状。

在面包板电路搭接中，限流电阻和发光二极管的原引脚长度较长，可以根据搭接需求适当剪短，连接导线前需要剥除接口处的绝缘塑胶，需要用到图 4.4 所示的剥线钳工具。图中标识的 0.6～2.6 mm 圆形卡槽用来剥除相应线径导线的绝缘塑胶，下方锋锐的切口可以用作老虎钳剪断导线或元件引脚。走线导

图 4.4　剥线钳实物图

线的弯折和捋直可以通过常用工具镊子来完成，镊子的相关介绍参见后续焊接工具章节内容。

4.2　万能板和印刷电路板

万能板又名洞洞板，通常是在电木胶板或环氧树脂板材上整齐布满标准 IC 间距（2.54 mm）的圆形独立焊盘，可供设计者自由摆放元器件并完成元器件的焊接固定和连接，具有成本低、使用灵活、扩展方便等特点。万能板有不同的尺寸规格和厚度，有单面板和双面板之分，焊盘有镀铜、镀锡、沉金等不同工艺。单面绿油镀铜环氧树脂 1.5 mm 厚度、7 cm×9 cm 万能板实物图见图 4.5。图中万能板的两面中一面有焊盘铜箔，一面没有，所以称为单面板；相应的两面都有焊盘铜箔的万能板称为双面板。没有焊盘的一面通常称为元件面（正面），即元器件是放置在这一面，而其引脚穿过小孔到另一面焊接面（背面），在焊接面完成元器件的焊接固定和连接。焊接面的绿油起着绝缘保护、防焊锡黏连等作用。

印刷电路板简称 PCB 板，是通过一定的制作工艺在绝缘基材上覆盖一层导电性能良好的铜箔构成覆铜板，然后根据具体电路实现要求，在覆铜板上印制蚀刻出电路连接导线、钻出元件安装焊盘和导通过孔等来实现元器件之间电气互连和方便元件装配的电路板。

印刷电路板有多种分类方法，通常可以从电路板层数、过孔属性、绝缘基材种类和表面处理工艺等方面进行分类。例如，从电路板层数分类，印刷电路板可以分为单层、双层板和多层板；单层板是指覆铜板上只有一面有铜箔，可以印制蚀刻电路；双层板是指覆铜板上双面都

图 4.5 单面万能板实物图

有铜箔,两面皆可印制蚀刻电路;多层板是对 3 层及以上印刷电路板的统称,是将多个单层板或双层板层压在一起制作而成,多为偶数层,例如 4 层板、6 层板、8 层板。

出于成本和性能的综合考虑,在电子行业中双层板应用非常广泛,其结构示意图见图 4.6。双层板顶层(Top Layer)和底层(Bottom Layer)都有铜箔可以走线,都可以放置元件或焊接固定,两层之间可以通过通孔或金属化插针焊盘连通;中间为绝缘基材,目前双面板中常用的是FR-4 玻纤板,其基材由环氧树脂和玻纤布组成,具有高耐热性、防潮性的特点。实验项目"PM66 语音播放系统"双层 PCB 实物见图 4.7。

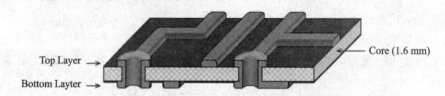

图 4.6 双层 PCB 板结构示意图

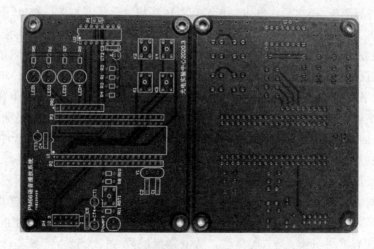

图 4.7 "PM66 语音播放系统"双层 PCB 实物图

4.3　Fritzing 布局布线软件

无论是在面包板上搭接电路还是在万能板上焊接电路,都需要考虑元器件的布局和导线的布线,布局布线的优劣关系到电路制作的效率、电路板的美观、电路调试的便利,更直接影响电路功能的实现和性能的优劣。

面包板上的电路搭接注意事项如 4.1 节所述,万能板布局布线的常用规范如下:

1) 按信号流向从左往右或从下往上进行元器件布局,同一功能模块的器件集中放置;

2) 遵循"先大后小、先难后易"的布局原则,优先且尽量居中放置核心功能模块及器件;

3) 退耦电容、反馈回路元件等关键器件应就近放置,减小布线长度;

4) 同类型插装元器件应同一个朝向整齐放置,例如色环电阻的色环顺序、发光二极管的极性方向等;

5) 各种接插件、开关等应放置在板子边缘易于插拔和操作的位置;

6) 元器件布局应考虑布线的便利,且电路板整体布局应均匀分布、疏密有致,整齐美观;

7) 优先考虑关键信号的走线,同样遵循"先难后易"原则,从连线最密集的区域开始布线;

8) 走线短且直,可以使用剪下来的元件多余引脚或直接焊锡走线,尽量避免交叉飞线;

9) 小信号走线应尽量远离大电流走线,避免受到干扰;

10) 电路中模拟部分和数字部分应分开,模拟电路应就近单点接地,数字电路多点接地。

在实际电路制作中,很难一次规划好电路的布局布线,特别是当电路比较复杂的时候,为减少出错和避免返工,利用布局布线软件在电路实际制作前设计好电路布局布线是非常必要且有效的方法。

Fritzing 是一款功能强大的电路设计软件,支持面包板、原理图、PCB 和 Code 4 种视图和丰富的电子元件模型,可以快捷高效地在相应视图上完成电路的布局布线设计。利用 Fritzing 完成在面包板和单面万能板上的四进制计数器电路布局布线图,分别如图 4.8 和图 4.9 所示。从图中可以看出,万能板上的电路布局布线与面包板电路搭接有所不同,具体体现在:

1) 万能板上的元器件布局可以根据信号流向从左往右或从下往上,电气连线不用颜色区分;

2) 万能板上所有焊盘在物理上是隔开的,任意两个焊盘之间的电气连接都需要通过布线来完成,这种万能板也叫作单孔板,区别于目前市场上存在的二连孔、三连孔和多连孔的万能板;

3) 数字直插芯片安装位置背面有两排焊盘可以用来走线,为方便更换芯片及避免焊接过程中损坏芯片,应焊接芯片座再安装芯片;

4) 输入电源和输入输出脉冲信号接口用直插排针来方便调试和连接,且应在板子上通过记号笔或胶布明确标识各接口信号类型,避免接错;

5) 当布线无法避免交叉时,可以用导线在元件面或焊接面直接飞线,如图 4.9 中的连线所示。

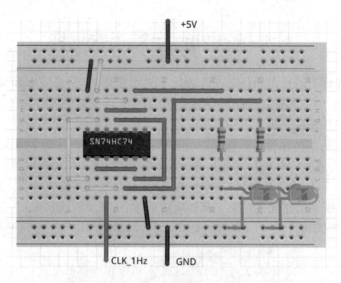

图 4.8　基于面包板的四进制计数器电路

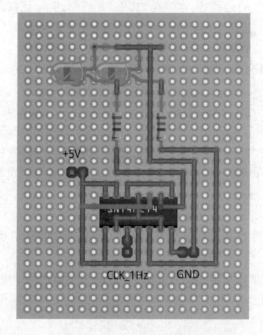

图 4.9　基于万能板的四进制计数器电路

4.4　焊接入门知识

在万能板上焊接电路或 PCB 板上装配电路都需要将元件引脚焊接固定在焊盘上并保证可靠的电气连接,因此焊接质量将直接影响电路制作的成败,对于电路初学者来说需要很好地掌握手工焊接这门技术。

4.4.1 焊接及常用工具

电子制作中的焊接指的是将低熔点的金属焊料锡丝加热熔化后,渗入并填充金属件连接处空隙使金属件之间可靠电气连接的焊接方法。焊接过程包括受热锡丝熔化后对金属件的润湿、扩散和冶金结合形成金属化合物,因此焊接要求如下:

一、锡丝熔化后流动性好;

二、金属件表面光泽、无锈、无油污,且能与锡丝形成金属化合物,例如金、银、铜及铜合金等。

手工焊接常用的工具包括电烙铁、烙铁架、焊台、锡丝、助焊剂、高温海绵、防静电镊子、斜口钳、吸锡器/带、通孔针,洗板水和防静电毛刷等,各项工具的作用简述如下:

1)电烙铁是锡焊的主要工具,通电后其前端高温烙铁头将锡丝熔化并可以拖动烙铁头进而控制焊锡流动方向。电烙铁主要由烙铁头和烙铁芯(发热丝)组成,分为内热式电烙铁和外热式电烙铁,功率为 20~150 W。烙铁头可以分为刀头、尖头、马蹄头和扁咀头,如图 4.10 所示,其形状和尺寸直接影响焊接的质量和效率。一般来说,烙铁头大、热容量大、焊锡熔化得多,但不适合精细焊接或焊接空间狭小的情况,在使用时应根据焊接元件种类、焊接场景、个人使用习惯合理选择。对于电路初学者推荐使用尖头(圆锥型)和刀头电烙铁。

图 4.10 烙铁头的分类

图 4.11 所示为实验室用的外热式电烙铁,因烙铁芯在烙铁头外面而得名,相对内热式电烙铁加热效率低、预热慢,但烙铁头寿命长,配备尖头烙铁头和 30 W 的功率能满足实验室焊接小型元器件的需求。

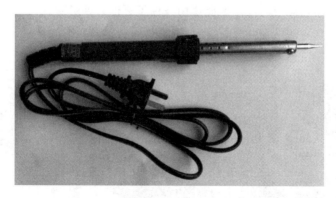

图 4.11 黄花牌带指示灯 630C 型电烙铁

2)烙铁架是焊接过程中搁置电烙铁的架子,一方面要方便存取,另一方面要尽量避免因高温烙铁前端的误接触造成各种意外。实验室常用便携式烙铁架的实物如图 4.12 所示,中间的金属圆盘可以放置高温海绵或松香。

3) 焊台是电烙铁的升级版,是将控制台(电源、温度控制)、恒温烙铁和烙铁架等集成在一起的焊接工具。常用的热风拆焊台是在恒温焊台的基础上又多配备了一支热风枪,可以吹出热风用来拆卸已焊好的元器件或利用回流焊的原理焊接贴片封装的元器件,使用时须调节合适的温度和风量,其实物如图 4.13 所示。

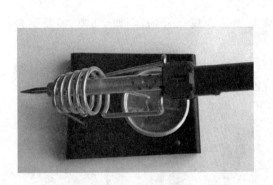

图 4.12 便携式烙铁架

图 4.13 热风拆焊台实物图

4) 锡丝又名焊锡丝,由锡合金和助焊剂两部分组成,在焊接过程中受热熔化渗入并填充金属件连接处空隙。焊锡丝根据锡合金成分可以分为无铅焊锡丝和有铅焊锡丝,焊锡丝中含铅量越高,熔点越低,更方便焊接但不环保。实验室常用的是直径为 0.8 mm 的 63Sn/37Pb (含锡量 63%、含铅量 37%)松香芯焊锡丝,个人使用推荐无铅焊锡丝,如图 4.14 所示。SnCu0.7 标识锡合金含锡量 99.3%(质量百分数),含铜量 0.7%(质量百分数);FLUX2.0%标识锡丝中助焊剂比例 2%(质量百分数),友邦用的是适度活性松香(RMA)助焊剂;推荐焊接时烙铁头温度为 320~380 ℃。

5) 助焊剂在焊接过程中可改善液态锡的流动性、降低焊料表面张力,能帮助和促进焊接过程;同时能够保护烙铁头不被氧化并去除表面的氧化物。常用的助焊剂有松香和助焊膏,如图 4.15 所示。在电路板焊接时注意不要使用酸性带腐蚀的助焊膏。

图 4.14 无铅焊锡丝

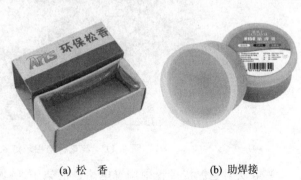

(a) 松 香   (b) 助焊接

图 4.15 松香和助焊膏实物图

6）高温海绵在焊接过程中用来擦拭烙铁头上多余的锡和氧化物,使用时须用适量的水润湿,实物如图 4.16 所示。

7）防静电镊子在焊接过程中多用于夹起和放置元件、弯曲元件引脚、保护静电敏感元器件等,常用的样式有直尖头、弯尖头和扁头,如图 4.17 所示。

图 4.16　高温海绵实物图

图 4.17　防静电镊子

8）斜口钳在焊接过程中主要用于剪去多余的元器件引脚,实物如图 4.18 所示。

9）吸锡器大多为活塞式,利用真空负压将熔化的液态锡吸走,多用于拆卸元件和吸走残留的锡;吸锡带也叫吸锡线,是利用精密设计的纯铜编织带超强的吸锡能力吸除板子上多余的堆锡,消除引脚间的黏连。吸锡器和吸锡带实物如图 4.19 所示。

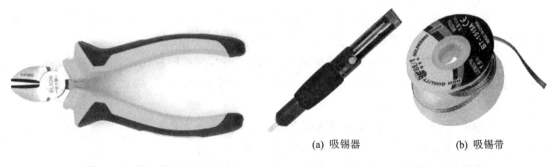

(a) 吸锡器　　　　　　　　(b) 吸锡带

图 4.18　斜口钳　　　　　　　　图 4.19　吸锡器和吸锡带

10）通孔针多为不锈钢材质,由于其不沾锡的特性,将被锡堵塞的焊盘疏通,不锈钢通孔针实物如图 4.20 所示。

11）洗板水是电路板清洗剂的简称,是用于清洗 PCB 电路板焊接过后表面残留的助焊剂、焊渣、油墨、手纹等的化学工业清洗剂药水,使用时须注意防护,环保洗板水包装瓶实物如图 4.21 所示。

12）防静电毛刷由导电塑胶制成手柄、导电聚合体材料制成刷毛,用于清除 PCB 板表面灰尘、残留锡珠等表面污物,并将清洁过程中产生的静电释放给大地,实物如图 4.22 所示。

图 4.20 不锈钢通孔针　　图 4.21 环保洗板水包装瓶　　图 4.22 防静电毛刷

4.4.2 焊接基本方法

准备好焊接工具是做好焊接工作的第一步,而正确的方法、过硬的素质和优秀的品质是焊接成功的进一步保证,也是初学者需要在焊接过程中不断学习总结和培养的。

万能板与 PCB 板上的焊接要点大同小异,都需要通过烙铁、焊锡将元件牢固并实现可靠的电气连接,区别在于以下几点:

1) 万能板根据预先设计的布局布线来放置元件和连线,如有需要可以临时调整;PCB 板是按照装配图将元件安装到固定位置,不能临时调整且不需要连线。

2) 万能板上多为直插元器件以及个别封装尺寸、引脚少的贴片元件,引脚数量多的贴片元件焊接需要使用贴片转直插转接板等方法;PCB 板是根据所需元件的封装形式设计选择焊盘以便直接焊接装配。

3) 万能板上元件焊好后多余的引脚可以直接掰弯或剪下来作连线,PCB 板上元件焊好后多余的引脚剪下来收纳在一起作为金属垃圾分类回收。

在万能板和 PCB 板上焊接直插元器件的具体步骤是一样的,流程如下:

1) 准备好焊接所需的工具、板子和元器件,特别是焊接处和烙铁头要保证干净无氧化、烙铁温度合适。如果烙铁温度过高,容易使焊盘脱落或烫坏元器件;温度过低则焊锡不能够充分熔化,流动性差,会造成虚焊和假焊。对于前面所述的常用焊锡丝,选择 30 W 的外热式电烙铁或 20 W、25 W 的内热式电烙铁即可满足要求。

2) 将需要焊接的元件引脚穿过焊盘,元件紧贴元件面且垂直平整放置(高度受限场合可弯曲放置),如图 4.23 所示。然后将板子焊接面朝上放置,如果元件不能固定,可采用元件下垫支撑物或烙铁头沾锡先固定一只脚的方法,不推荐掰弯引脚固定的方法。

3) 参照写字的正确坐姿"头正、肩平、身直、臂开、足安",左手拿焊锡丝,右手拿烙铁准备开始焊接。电烙铁采用握笔法操作,即大拇指、食指和中指三个手指拿住电烙铁,见图 4.24(a);锡丝采用断续锡丝拿法,即大拇指、食指和中指捏住焊锡丝,见图 4.24(b)。

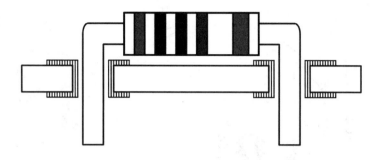

图 4.23　电阻元件放置

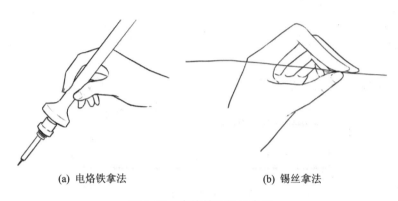

(a) 电烙铁拿法　　　　　　　　(b) 锡丝拿法

图 4.24　电烙铁和锡丝拿法

4) 采用四步法完成焊接过程：

① 加热焊件，即烙铁头抵在两焊件的连接处，加热整个焊件全体。须注意烙铁头应同时接触元件引脚和焊盘，烙铁倾斜 45°左右，如图 4.25 所示。

② 送入锡丝，即焊锡丝从烙铁对面以 45°左右角度接触焊点。须注意烙铁头不要移动位置，焊锡丝不要放到烙铁头上，如图 4.26 所示。

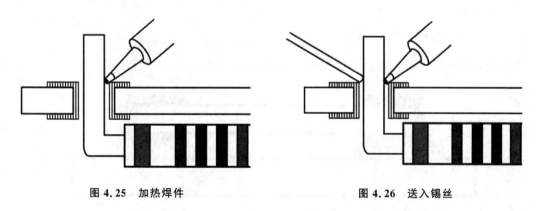

图 4.25　加热焊件　　　　　　　　　图 4.26　送入锡丝

③ 移开焊锡丝，即当焊锡熔化一定量覆盖焊盘时，立即移开焊锡丝。须注意焊锡熔化得过多过少都不行，适宜度在实践中掌握，焊锡丝以 45°角度往左上移开，如图 4.27 所示。

④ 移开烙铁，即焊锡完全浸润焊点，形成饱满的圆锥，移开烙铁。须注意烙铁以 45°角度往右上移开，如图 4.28 所示。

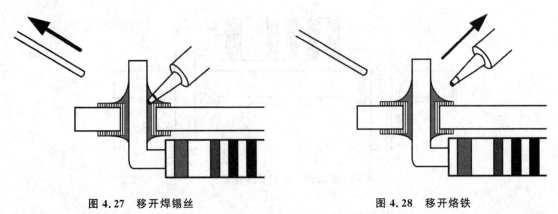

图 4.27　移开焊锡丝　　　　　　　　　　　图 4.28　移开烙铁

贴片元件的焊接和直插元件有所不同,以贴片电阻为例,准备工作做好后的操作步骤如下:

1) 右焊盘上锡,即给右手边的焊盘沾上适量的锡,如图 4.29 所示。

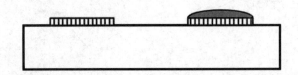

图 4.29　右焊盘上锡

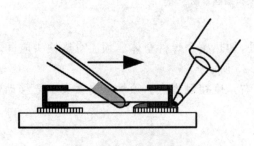

图 4.30　元件单端焊接

2) 元件单端焊接,即烙铁头倾斜 60°左右接触右边焊盘外边缘熔化焊锡的同时,左手拿镊子从中间夹住元件从左往右水平推送到右边焊盘上,待焊锡完全浸润焊点后,移开烙铁和镊子,如图 4.30 所示。须注意推送过程中元件保持水平,推送元件到接触烙铁头位置;移开时一定要先移开烙铁,再移开镊子,防止元件另一端翘起。

3) 用焊直插元件的方法完成另一端引脚的焊接,焊接完成后的示意图见图 4.31。

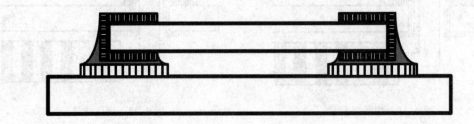

图 4.31　焊接完成示意图

上面所述是万能板和 PCB 板上焊接元器件的基本方法,步骤不多,焊接过程时间不长, 2~3 s,但要达到焊点光滑亮泽、机械结合牢固、电气连接良好,不出现虚焊、假焊、拉尖等常见缺陷,则操作人员需要在掌握焊接工具的使用,焊接规范、方法、技巧的前提下大量地实践练习。同时,操作人员应具备胆大心细的素质,焊接过程不害怕、做到手不抖、做好细节处理;还应具备追求完美、追求极致的优秀品质,在实践过程中不断总结经验,不断提升焊接水平。

4.4.3　元器件焊接顺序及要求

在万能板和 PCB 板上进行电路制作时,元器件的焊接顺序也是不能忽视的,良好的焊接顺序规范在大幅度提高电路焊接效率的同时,也能方便电路的功能调试和故障排查。

电路制作的最终目的是电路能够正常工作,因此推荐在焊接的过程中按信号流向或电源模块、核心模块、外围模块的顺序逐级焊接、逐级调试来保障电路制作的成功率。在各模块或已验证设计 PCB 板的焊接过程中,一般应遵循“先小后大、先里后外、先低后高”的顺序。“先小后大”指的是先焊小封装小尺寸元件,再焊大封装大尺寸元件;“先里后外”指的是先焊位置靠里的元件,再焊位置靠外的元件;“先低后高”指的是先焊垂直元件面比较低的元件,再焊比较高的元件。这三种顺序主要都是为了避免后续元件的焊接受到阻碍或后续元件焊接时烙铁误触碰前面焊好的元件而造成损坏等,顺序之间没有优先权重关系,应根据实际情况进行选择。例如,当 PCB 板上的贴片电阻或电容紧密围绕直插式封装 MCU 芯片时,应遵循“先小后大”或“先低后高”的顺序;当围绕的是贴片式封装 MCU 芯片时,应遵循“先里后外”的顺序。

在万能板和 PCB 板上进行焊接时,需要保证焊接的质量、功能的正常实现,也需要考虑整齐、美观、稳固、无明显倾斜等工艺方面的效果。常用元器件的焊接要求如下:

1) 电阻:分为直插式电阻和贴片式电阻两种。放置直插电阻时,如果不是空间受限的原因,推荐采用卧式焊接,引脚不能直接从根部弯曲,应留出 2~3 mm 长度用镊子弯曲引出平直引脚;电阻放置紧贴元件面,色环从左往右、从上往下朝向一致,各电阻的高度尽量保持一致。放置贴片电阻时,应两焊盘间居中放置,避免倾斜,阻值丝印标识应从左往右、从上往下朝向一致。

2) 电容:分为有极性电容和无极性电容。其直插式和贴片封装的放置要求与电阻基本一致,需要注意极性电容的正负极一定不能接反,直插电容的引脚不需要弯曲,可直接插入焊盘。

3) 发光二极管:放置时应注意正负极,紧贴元件面,不能倾斜。

4) 单排针:放置时应紧贴元件面,不能倾斜,长的一边在元件面。

5) 直插芯片:焊接时一定要先焊接芯片座,虽然芯片座实质上是没有方向的,但其缺口应与芯片实际安装方向一致。

上面例举了一些常用元器件的安装要求,实际上国家是有正式的标准去规范电子元器件安装要求的,在工程实践中应去查阅相关标准、文献资料并严格遵循。

4.4.4　焊接安全注意事项

手工焊接过程涉及烙铁、焊锡、镊子、斜口钳等工具的使用,一定要遵守焊接实验室的安全管理规定,避免出现意外事故。规定安全注意事项如下:

1) 焊接过程中,烙铁不用时应将烙铁头挂锡放置烙铁架上;焊接完成后,除了将烙铁放置烙铁架上,还须将烙铁插头从电源插座上拔下。

2) 任何时候不得用手直接接触烙铁发热部位,如须更换烙铁头,必须在烙铁断电完全冷却后进行操作。

3）焊接过程中,烙铁切忌大力往下压;出现通孔焊盘堵锡时,不用烙铁加热焊盘后,大力敲打板子。

4）烙铁电源线应远离烙铁前端,避免因误触碰熔化电源线外层绝缘保护套管造成短路、触电等事故。

5）如果操作人员的衣服袖口宽松、头发刘海过长,则需要扎起来避免被烙铁烫坏或烫焦。

6）使用斜口钳用力剪开元件,如排针时,须遮挡,避免剪下的小部件迸射伤人。

7）在实验室内切勿嬉戏打闹,避免因触碰烙铁头、镊子等坚硬锋利器件而受伤。

8）因铅锡丝含铅,有毒性,焊接时须佩戴口罩和手套,焊接完成后及时清洁手部和脸部。

4.5 电路调试和故障排查方法

电路板在焊接过程中及焊接完成后都需要进行功能调试,以确保电路功能正常实现,因此电路初学者需要学习基本的电路调试和故障排查方法,并在实践中加以应用。电路调试和故障排查不仅仅是一套操作流程,更是调试人员所学理论知识和实践技能的综合运用,也是调试人员发现问题、分析问题、解决问题工程实践能力的直观体现。

电路调试和故障排查的一般方法归纳如下:

1）电源优先,必须确保电路是正常供电的。电路板上电前,先用万用表连通性挡位测量板子电源、地之间是否短路,须注意万用表短路门限电阻设置 50 Ω 以下。如果未短路,可以上电并用万用表直流电压挡实际测量电路板上电源、地之间的电压,电压值符合设定则供电正确,否则须检查供电电源设置及电源线连接是否正常。如果万用表连通性挡位蜂鸣器报警发生电源短路,可按如下方法排查:

① 仔细观察电路板上电源和地线走线是否存在错误连线或焊锡桥接、残留锡珠接触等,待问题一一解决后,再次测量是否短路;

② 依旧短路的情况下,须去掉所有可插拔的元器件,如直插数字芯片等,再次测量是否短路,排除可插拔元器件本身的问题;

③ 继续短路的情况下,则需要逐级断开电源线或地线,定位短路区域,利用万用表连通性挡位仔细排查连线或元件本身问题,直到解决短路故障为止。

2）正确输入,即电路有输入信号的情况下,应确保电路输入信号在正确的范围内。对于直流输入信号,用万用表直流挡直接测量电路输入端的直流大小:电压信号采用万用表直流电压挡并联测量方式,电流信号采用万用表直流电流挡串联测量方式。对于交流输入信号,用示波器直流耦合方式测量电路输入端交流信号的频率、幅值参数,还须注意交流信号的波形、直流偏置是否满足要求。如果输入信号不满足要求,则逐项排查仪表设置、信号连线和输入端电路问题。

3）输出结果调试,应用正确的测试仪表和详尽的操作步骤测量和观察电路功能是否正常。例如,电路板功能是按下 KEY1 键,发光二极管指示灯点亮,一直按 KEY2 键结果肯定不对;示波器测量输出信号幅值时,示波器探头衰减选择了×10 挡,而对应通道输入设置还是×1 挡,结果显然也是不对的。

① 当电路输出结果不对时,应仔细分析测试数据或现象,争取直接定位电路故障所在,例

如观察到输出数码管显示 a、b 段始终错位,问题很可能就出在 a、b 段的连线接反上。

② 如果不能直接定位电路故障,就需要按信号流向或模块功能逐级排查,测量观察各级输入输出是否满足电路功能来准确定位故障区域。

③ 在故障电路区域内应根据电路功能和故障现象采用适宜的方法快速查明故障所在:

a. 仪表测试法:通过相关仪表直接测试电路连接、电路交直流参数或元件参数来定位是连线问题还是元件本身问题。

b. 替换法:当芯片本身或其外围电路问题不能确定时,可以用一块功能正常的芯片进行替换,来定位问题所在。

c. 化繁就简法:当电路功能复杂时,可以用简单的信号或功能来测试定位电路故障。例如,数码管动态显示结果不对,又不能根据显示结果直接判断时,可以用静态显示的方式来定位是数码管显示电路的问题还是动态扫描驱动程序的问题。

第 5 章 PCB 设计软件入门

使用印刷电路板（PCB）是批量生产高性能电子电路最好的方法，因此印刷电路板设计成为电子工程师和电子爱好者们必须掌握的一项基本技能。通过学习 PCB 设计软件的使用，电子工程师和电子爱好者们能够完成电路原理图绘制、PCB 设计。通过热转印或工厂打样制作 PCB 并焊接装配调试完成得到电子电路作品是电路初学者的学习目标。

5.1 常用 PCB 设计软件介绍

随着电子技术的快速发展，人们对电路板设计提出了更高的要求，各大厂商不断推出满足设计需求且功能更加强大的新版本 PCB 设计软件，目前主流的 PCB 设计软件包括：

1）Cadence SPB：业内高端的 PCB 设计软件，涵盖了从原理图设计到 PCB 设计以及生产加工装配输出的整个流程，是高速板设计中实际上的工业标准软件。通常使用其软件组件中的 Orcad Capture 绘制原理图、用 Allegro Pcb Editor 设计 PCB。

2）Mentor Pads：原 Mentor Graphics 公司（已被西门子收购）推出的专业原理图和 PCB 设计工具，可满足中小企业和电路爱好者的 PCB 设计需求。

3）Alitum Designer：从早期的 Protel 到现在的 Altium Designer 22，一直是国内使用最广泛的一体化电子产品开发系统。简单易用、功能强大、库资源丰富等特性使其成为教育教学中的主要选择。

4）立创 EDA：在线 EDA 软件 EasyEDA 的国内版本，是一个免费高效的、具有完全独立自主产权的国产 PCB 设计工具。自推出以来，以其完善的生态系统、电子制作一站式体验、海量的开源工程和免费器件库、云端在线设计功能、简单易用等优点，迅速成为国内广大电子工程师、教育工作者、学生和电子制作爱好者的首选 PCB 设计软件。

5.2 PCB 设计流程

各种 PCB 设计软件的操作难易度、功能复杂性有所不同，但整个设计开发流程大同小异，如图 5.1 所示。流程图中各步骤简介如下：

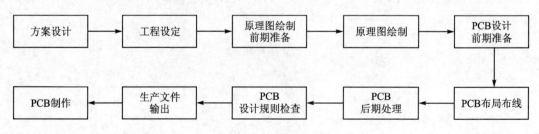

图 5.1 PCB 设计开发流程

1) 方案设计：根据任务需求完成 PCB 整体方案设计，包括确定电路原理图、器件封装、PCB 层数和结构设计等。

2) 工程设定：新建 PCB 工程并完成工程相关属性设定，包括工程所属方式、版本管理、元件标号约定等。

3) 原理图绘制前期准备：包括图纸尺寸、标题设置、原理图绘制环境设置、元器件原理图符号绘制等工作。

4) 原理图绘制：完成电路原理图的绘制并添加相关注释，编译检查直到没有错误。

5) PCB 设计前期准备：包括元器件 PCB 封装的确定，PCB 层数、外形尺寸、禁止布线层的确定，安装孔和定位孔设计，原理图网表导入、PCB 设计规则制订等。

6) PCB 布局布线：遵循布局布线规范完成 PCB 板上的布局布线工作，过程中可以通过预览 3D 视图进行相应调整，通过 DRC 检查避免出现错连、未连和规则错误。

7) PCB 后期处理：包括添加泪滴、敷铜、接地过孔和标注、修正元件丝印等工作。

8) PCB 设计规则检查：进行 PCB 设计规则 DRC 检查，直到没有错误。

9) 生产文件输出：输出 PCB 制板 Gerber 文件、物料清单 BOM 表、坐标文件和装配文件等，用于 PCB 的制作和焊接装配。

10) PCB 制作：通过热转印、工厂打样等方式完成 PCB 板的制作。

5.3　基于立创 EDA 的 PCB 设计

本节将以采用立创 EDA 团队协作方式完成同相放大器电路 PCB 设计为例，详细演示 PCB 整个设计流程。

立创 EDA 陆续推出了标准版、教育版、私有化部署版和专业版，面向不同的用户和需求。其中，标准版具有在线编辑和桌面客户端两种方式，适用于小规模电路板的设计，主要面向教育工作者、学生和电路初学者，具有如下特性：

1) 云端在线设计：文件云端存储，轻量级、高效率；

2) 百万共享元件库：团队协助开发管理模式；

3) 一键生成 Gerber 文件、BOM 文件、坐标文件，方便生产制造；

4) 支持常用元件的在线仿真；

5) 一键将原理图布局传递到 PCB，一键导入图片 LOGO 到 PCB；

6) 元件库自带 3D 模型，可在线查看 PCB 预览。

5.3.1　立创 EDA 标准版的下载与安装

登录嘉立创 EDA 网站，直接在产品标签下选择"桌面客户端"或在功能标签下选择"标准版"，然后单击"下载客户端"即可进入客服端下载界面，如图 5.2 所示。

从图中可以看出，标准版支持多种操作系统，用户可以根据实际情况下载相应版本客户端。

基于 Windows 64 位操作系统的嘉立创 EDA 标准版最新版本 v6.5.15 安装文件大小只有五十多兆，右击安装文件图标选择"以管理员身份运行"，弹出的安装向导窗口如图 5.3 所示，如果没有特别需求，保持默认安装路径不变，直接单击"下一步"，立创 EDA 开始安装，过

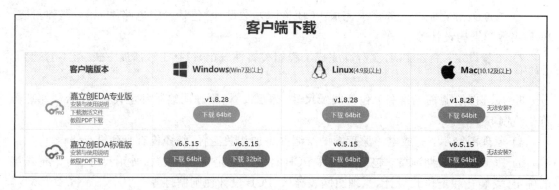

图 5.2 立创 EDA 标准版客户端下载

程界面如图 5.4 所示。快速安装完成后,软件自动打开,第一次启动界面如图 5.5 所示。软件默认工作在协作模式,此模式软件功能最完整,与在线编辑器版本一致,可以及时获得编辑器和库文件更新,工程文档保存在立创服务器,方便随时随地工作和团队协作开发。图 5.5 右上角窗口为软件第一次启动时界面区域功能提示,可以依次单击"了解"或直接单击"忽略",完成注册并登录后,即弹出如图 5.6 所示安装向导窗口。

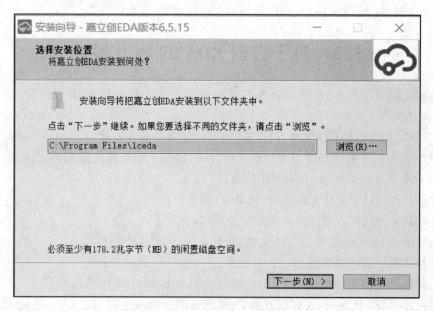

图 5.3 立创 EDA 安装向导

5.3.2 立创 EDA 软件界面简介

软件登录后操作界面可以分为菜单栏(顶部)、个人管理(右上角)、文档导航窗口(左侧)和开始窗口(中间)4 部分,分别介绍如下:

1) 顶部菜单栏包括"文件""高级""设置""帮助"和"直播答疑"菜单。

① "文件"菜单如图 5.7 所示,包含"新建""打开"和"文件源码"3 个子菜单。在"新建"菜单下可以选择新建 PCB"工程"、"原理图"文件、"PCB"文件、"符号库"文件"封装库"文件和"3D 模型"文件等;"打开"菜单下可以打开"嘉立创 EDA"、Altium Designer、Eagle 和 Kicad 4

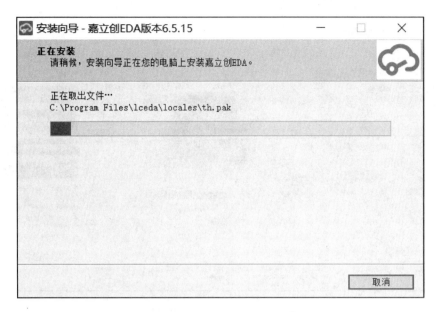

图 5.4　立创 EDA 安装界面

图 5.5　立创 EDA 软件第一次启动界面

种 PCB 设计软件的 PCB 工程文件;在"文件源码"里可以显示并下载工程的源代码,用来编写插件或手动编辑原理图及 PCB 文档的相关属性。

②"高级"菜单如图 5.8 所示,包括"文档恢复""备份工程""回收站""扩展"4 个子菜单。单击"文档恢复"可对工程或文档进行恢复和删除管理;单击"备份工程"可选择现有工程进行下载备份;单击"回收站"可对已删除个人工程和文件进行恢复或清空操作;单击"扩展"可加载运行相应脚本改变软件配置。

图 5.6 立创 EDA 软件登录后界面

图 5.7 文件菜单界面图

③"设置"菜单如图 5.9 所示,包括"快捷键设置""个人偏好""系统设置""桌面客户端设置"和"语言设置"5 个子菜单。

图 5.8 高级菜单界面图

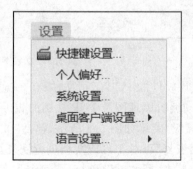

图 5.9 设置菜单界面图

a."快捷键设置"界面如图 5.10 所示,在此界面能够根据个性需求设置原理图和 PCB 编辑环境下通用和专用的功能快捷键。

图 5.10　快捷键设置界面图

b."个人偏好"界面如图 5.11 所示,在此界面能够进行在线热键和主题的云端同步设置、软件界面显示语言和文档备份相关功能设置。

图 5.11　个人偏好设置界面图

c."系统设置"界面如图 5.12 所示,此界面包括"系统""原理图""PCB"3 个子标签,可进行画布坐标系统和画布缩放方式设置、原理图和 PCB 编辑环境下相关显示和功能设置。画布坐标系统中笛卡尔坐标系和 SVG 坐标系都是直角坐标系,区别在于笛卡尔坐标系中 Y 轴向上为正,SVG 坐标系 Y 轴向下为正。原理图和 PCB 标签下的设置一般保持默认即可,常用导线宽度可以根据需要设置,便于布线时灵活选择。

图 5.12 系统设置界面图

d. "桌面客户端设置"界面如图 5.13 所示,包括"清除缓存""数据保存目录""运行模式设置""检查更新选项"。其中,单击"数据保存目录"可设定本地工程和库的保存路径。"运行模式设置"界面如图 5.14 所示,包括"协作模式""工程离线模式"和"完全离线模式"。"工程离线模式"即工程保存在本地,库文件在云端服务器。标准版系统暂不支持"完全离线模式"。"协作模式"下支持团队协作开发,课堂教学中推荐使用。

图 5.13 桌面客户端设置界面图

e. 单击"语言设置"按钮可设置系统语言,默认为简体中文,与"个人偏好"子菜单中的语言设置功能一致。

④ "帮助"菜单下为常见问题、使用教程和用户论坛的链接,结合"直播答疑"菜单帮助初学者快速掌握立创 EDA 软件的基本使用。

2) 右上角"个人管理"菜单中包括个人中心和工作区两部分。个人中心主要是个人资料设置和账户信息等,工作区包含个人或团队工作区中所有工程文件、团队、工程模块和元件库的管理,如图 5.15 所示。

3) 左侧文档导航窗口包括当前工作区选择及工作区所属工程导航、常用库和元件库导航、立创商城、嘉立创网站和技术支持的链接,如图 5.16 所示。

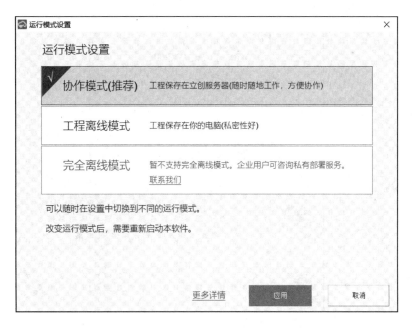

图 5.14　运行模式设置界面图

图 5.15　个人工作区界面图

4)"开始"页面包括工作模式切换、快速开始、更多帮助,示例工程和消息通知等区域,如图 5.17 所示。工作模式默认为标准模式即 PCB 设计模式,也可以切换到电路仿真模式;快速开始可以直接单击"新建工程"开始设计;更多帮助和示例工程为初学者快速入门提供了丰富的参考学习资源。

图 5.16　文档导航窗口

图 5.17　开始页面

5.3.3　团队创建和管理

立创 EDA 标准版协作模式支持团队协作开发,团队开发流程如下:

1）创建团队：在右上角"个人管理"下拉菜单下单击"个人工作区"，然后在弹出页面左侧导航窗口选择团队页面，进入后单击"创建团队"，如图 5.18 所示。在新建团队弹出窗口中依次输入团队名称和链接（可自动生成），单击创建即可，如图 5.19 所示。

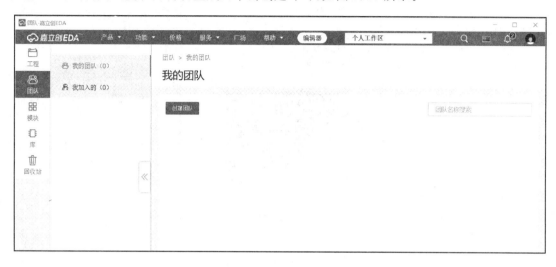

图 5.18　团队工作界面

图 5.19　团队创建示意图

团队创建成功后，"我的团队"界面出现新建的教学团队窗口，如图 5.20 所示，单击图片中的齿轮可以进入团队信息的设置界面。

2）邀请团队成员：直接单击"教学团队"，进入教学团队管理界面，如图 5.21 所示，然后单击右上角的"添加成员"按钮，弹出如图 5.22 所示添加成员窗口。可以通过 3 种方式添加团队成员，包括输入成员用户名、发布邀请链接/二维码和输入成员邮箱邀请，这里通过输入成员用户名邀请，然后单击"添加"即可完成成员添加。

3）新建团队工程：在教学团队管理页面右上角单击"新建工程"，在新建工程界面输入工

图 5.20　教学团队示意图

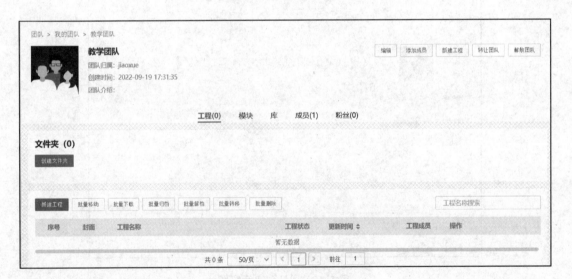

图 5.21　教学团队管理界面

程名称,进行工程描述和评论设置,然后单击"创建",如图 5.24 所示。

4) 工程成员权限设定:在教学团队管理页面单击中间的"成员"标签,进入"成员权限管理"界面,如图 5.25 所示。单击 2 号成员右边的齿轮,进入"权限设置界面",将 2 号成员的同相放大器工程权限设为"管理者"或"开发者",如图 5.26 所示。设置成功后,在同相放大器工程的成员信息里面可以看到工程所有成员和相应的权限信息,如图 5.27 所示。

电路初学者除了创建团队,同样可以通过加入团队的方式进行工程的协作设计开发。

添加成员   ×

添加成员   邀请链接/二维码   邮箱邀请

* 添加成员

klxx0608 ×

                                                                    添加   取消

图 5.22 团队成员添加窗口

新建工程

* 工程名称   同相放大器

* 工程链接   https://u.lceda.cn/jiao-xue-tuan-dui/   tong-xiang-fang-da-qi

工程描述   编辑 插入 视图 格式 表格

↶ ↷   段落   ∨ 16px   ∨   **B** *I* ⊟∨ ⊟∨ ≡ ≡ ≡ 〈 〉 ⊞∨ ↕∨ …

Markdown与富文本内容相互独立，提交时会根据当前选中内容进行内容提交。   Markdown   富文本

评论设置   ☑ 允许评论

工程属性   ◉ 私有工程

        创建

图 5.24 新建团队工程界面

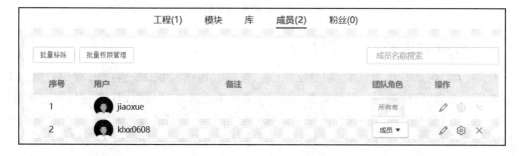

工程(1)   模块   库   **成员(2)**   粉丝(0)

批量移除   批量权限管理   成员名称搜索

序号	用户	备注	团队角色	操作
1	jiaoxue		所有者	✎ ⚙ ∨
2	klxx0608		成员 ▾	✎ ⚙ ×

图 5.25 团队成员权限管理界面

图 5.26 工程权限设置界面

图 5.27 工程成员信息

5.3.4 同相放大器方案设计

同相放大器电路要求实现对输入 200 mV 直流电压信号的 11 倍放大输出,电路参考图 5.28 所示电路,图中通用运算放大器 LM358 采用单电源 5 V 供电,其输入共模电压范围、差分输入电压范围和输出电压摆幅满足电路输入输出电压要求;电路为经典的运放同相放大器结构,输入电压 U_i 由运放同相输入端输入,通过反馈电阻 R_2 和反向输入端接地电阻 R_3 实现 11 倍同相放大,由引脚 1 输出端输出放大后的输出电压 U_o,输入/输出电压关系计算如下:

$$\frac{U_o}{U_i} = 1 + \frac{R_2}{R_3} = 1 + \frac{100}{10} = 11 \tag{5.1}$$

实际工程应用中对输出电压的性能指标有明确要求,例如输出电压误差范围,此时需要考

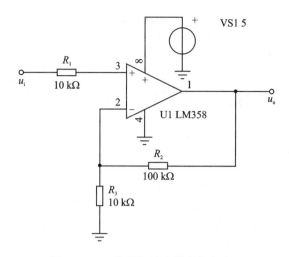

图 5.28　11 倍同相放大器参考电路图

虑运放输入失调电压和电流、电阻阻值误差等因素对实际输出电压的影响,本书不再赘述。通过对上述同相放大电路功能和系统任务需求分析,确定实际电路原理图,见图 5.29。

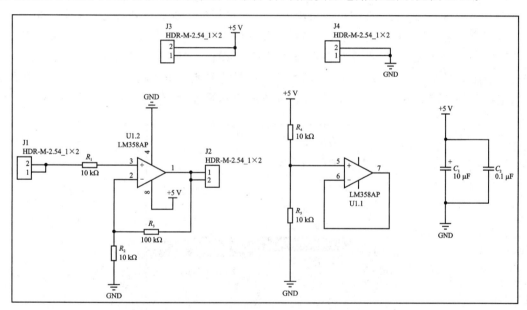

图 5.29　11 倍同相放大器实际电路原理图

1) 板子供电和电路输入、输出分别通过两脚直插排针引出,方便信号接入和调试。

2) 运放 LM358 电源引脚接入 10 μF 和 0.1 μF 退耦电容,以降低电源噪声,提高电路稳定性和减小误差。

3) 运放 LM358 芯片内部集成了两路运放,电路只使用了其中的一路,未用的一路应正确端接来提高电路稳定性,降低干扰和功耗。

4) 电路元件的具体选型通常从性能指标、成本、库存和制作简单等方面综合考虑,图 5.29 中电路元件使用直插式封装,电阻采用 1% 精度的精密金属膜电阻,退耦电容采用铝电解电容和独石电容,须注意耐压值选取,具体元件参数如表 5.1 所列。

表 5.1　电路元件参数表

元　　件	型号/参数	封　　装
运算放大器	LM358	DIP - 8
电阻	10 kΩ×(1±1%)	AXIAL - 0.4
电阻	100 kΩ×(1±1%)	AXIAL - 0.4
电解电容	10 μF 16 V	Radial,4 mm×7 mm
独石电容	0.1 μF 50 V	RAD - 0.2
接插件	1 * 40P 直针	P=2.54 mm

5）电路原理图元件较少，电路不复杂，原理图绘制采用 A4 图纸，电气符号采用欧盟标准，电阻或电容元件直接标识其阻值或容值。

6）PCB 采用双层板设计，为 8 mm×6 mm 圆角矩形，四角放置 3.2 mm 直径安装孔。

5.3.5　同相放大器工程设定

在"团队管理"中建好工程后，在文档导航窗口的工程栏的所有工程标签下即可看到工程和所属团队了，右击工程名，在弹出的菜单中可以进行相应工程属性的设定，如图 5.30 所示。在"工程管理"菜单下可以执行"查看""编辑工程属性""归档""转移""分享工程"等操作，在"版本"菜单下可以进行版本的"新建""切换"和"管理"等操作。"编辑工程属性"和"创建新版本"窗口分别如下图 5.31 和图 5.32 所示，示例了工程描述和版本管理的相关工作。在团队协作开发工程中，遵循相应的规范进行工程描述和工程版本管理，将有助于提高工程的开发效率，

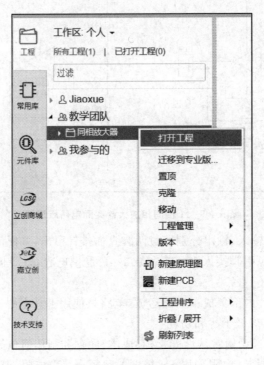

图 5.30　工程设定菜单

提高工程的规范性和可维护性。

工程名称	同相放大器

图 5.31　工程属性编辑

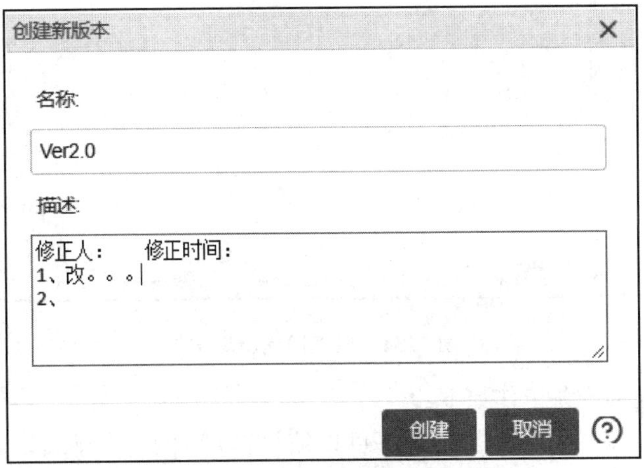

图 5.32　新建工程版本

5.3.6　原理图绘制前期准备

工程建立并设定好后,可以通过两种方法添加工程所属原理图文件。第一种是右击工程名,然后选择"新建原理图"并"保存",第二种是直接在文件菜单下新建原理图,并保存到已有的同相放大器工程,如图 5.33 所示。

图 5.33 新建原理图

新建原理图后,软件工作界面进入原理图编辑环境,如图 5.34 所示。原理图编辑环境下界面功能更加丰富,包括中间同相放大器的图纸标签栏,顶部新增原理图编辑相关的菜单栏和快捷工具栏,右侧的电气工具、绘图工具浮动窗口,属性显示设置侧边栏等。原理图编辑环境的详细介绍可以参见立创 EDA 网站文档《嘉立创 EDA 使用教程》。

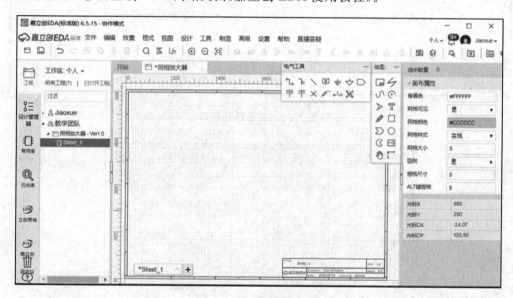

图 5.34 原理图编辑环境

原理图绘制前期的准备工作如下:

1) 视图设置:在菜单栏"视图"菜单下可以缩放窗口大小,选择或自定义图纸显示主题、个性化设置原理图编辑环境、功能窗口显示或隐藏等,如图 5.35 所示。

2) 画布属性设置:在图纸编辑区域任意空白处单击,右边侧边栏将显示画布属性窗口,如图 5.36 所示。可以根据个人偏好和设计需求进行画布属性设置,介绍如下:

① 网格是由水平线和垂直线交叉构成的格子,用来标识间距和对齐元器件符号,其尺寸大小单位为像素(pixel),由立创 EDA 软件内部定义,即 100 像素长度为 2.54 cm。推荐原理图绘制过程中"网格可见"设置项选"是","网格颜色"和"网格样式"可根据个人偏好灵活设置。

② 栅格尺寸是元器件符号和走线移动的格点距离,为方便对齐,推荐栅格尺寸小于或等

于网格大小。例如,设置网格大小为 10,栅格尺寸为 5,则元件符号或走线等在图纸上垂直方向和水平方向移动的最小间隔是 $\frac{1}{2}$ 的网格大小。

③ 是否吸附决定了元器件符号和走线移动是否受栅格尺寸限制,推荐只在非电气连线绘制时才关闭吸附功能;ALT 键栅格是当按下 ALT 键时所启动的栅格尺寸,可以更灵活地控制元器件符号和走线移动的最小间隔。

④ 光标 X、Y 是当前光标相对坐标系原点所在的位置,DX 和 DY 是光标移动的距离。

图 5.35　视图设置

图 5.36　画布属性设置

3) 图纸设置:单击绘图工具左上角的图纸设置图标,进入图纸设置界面,如图 5.37 所示,可以完成图纸大小和自定义图纸设置。自定义图纸主要用来重新设置图纸标题栏,满足实际个性化或规范性需求,但其并不能作为图纸模板在新建原理图时选择,而是作为一种自定义元器件符号在使用时放置。

图 5.37　图纸设置

4）表格属性设置：单击图纸边框，右边侧边栏出现表格属性窗口，如图 5.38 所示。其中纸张大小、方向、宽、高和图纸设置中是一致的，宽和高的单位都是像素 px。须注意 X 坐标和 Y 坐标对应表格左上角的坐标，更改 X 坐标和 Y 坐标将对应调整表格位置。

图 5.38　表格属性设置

5）图纸标题设置：在表格右下角区域有图纸标题的相关文本，可以根据工程实际情况进行修改，如图 5.39 所示。

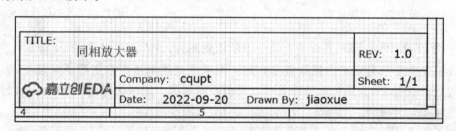

图 5.39　图纸标题设置

6）元器件原理图符号准备：根据工程方案设计需求，在立创 EDA 软件常用库和元件库中选择所需元件的原理图符号。在立创 EDA 软件器件库中元器件原理图符号和 PCB 封装是绑定在一起的，可以一步完成元器件原理图符号和 PCB 封装的选择。因此为正确找到所需元件符号，还应掌握相关器件封装常识规范、了解立创 EDA 封装库命名参考规范，并且在软件库中没有所需元器件原理图符号的情况下，应能够根据元器件数据手册中的引脚图自行绘制元器件原理图符号。

① 电阻：工程要求元器件符号采用欧盟标准,封装为 AXIAL – 0.4(直插轴向封装、引脚间距 400 mil,1 000 mil＝2.54 cm),在常用库查找元件符号,如图 5.40 所示。符号命名中的"R"表示电阻元件,"EU"表示符号采用欧盟标准。

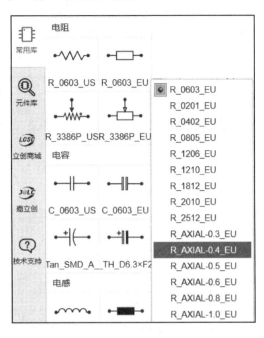

图 5.40　电阻原理图符号选择

② 电解电容：工程要求元器件符号采用欧盟标准,封装为 Radial,4 mm×7 mm(直插径向封装、容体直径 4 mm、高度 7 mm、引脚间距 1.5 mm),在常用库查找元件符号,如图 5.41 所示。符号命名中的"C_Ele"表示电解电容元件,"TH"表示直插型元件,"D4.0×F1.5"表示元件直径为 4 mm,两引脚中心间距为 1.5 mm。电解电容标准封装尺寸 4 mm×7 mm 中,7 mm 为电解电容容体的高度,而在立创 EDA 器件库符号命名中封装尺寸表示为 D4.0×

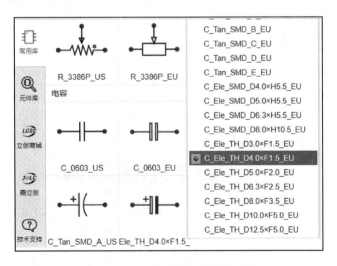

图 5.41　电解电容原理图符号选择

F1.5,两种名称在表示方法上稍微有所不同,但对应的实际元件 PCB 封装是一致的,因为直插电解电容的直径和引脚间距有着行业标准的对应关系,4 mm 的容体直径就对应着 1.5 mm 的引脚间距,与容体的高度无关。

③ 独石电容:工程要求元器件符号采用欧盟标准,封装为 RAD‐0.2(直插径向封装、引脚间距 200 mil),在常用库查找元件符号,如图 5.42 所示。

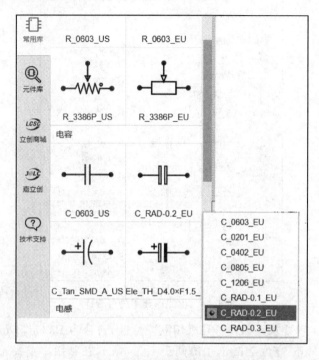

图 5.42　独石电容原理图符号选择

④ 排针:工程要求通过 2 脚排针分别将电源输入和信号输入、输出端引出,方便接线,在常查找元件符号,如下图 5.43 所示。符号命名中的"HDR"表示排针,"M"表示 Male 公头插

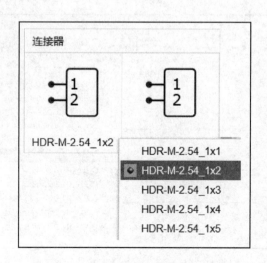

图 5.43　2 脚直插排针原理图符号选择

针,"2.54"表示排针引脚间距 2.54 mm,"1×2"表示单排 2 脚排针。

⑤ 运放 LM358:工程要求 DIP-8 封装(双列直插式 8 脚),常用库中没有运放符号。在元件库中嘉立创 EDA 搜索引擎下搜索元器件名称"LM358"、类型"符号",在立创商城元件库所列器件表中找到对应符号,如图 5.44 所示。

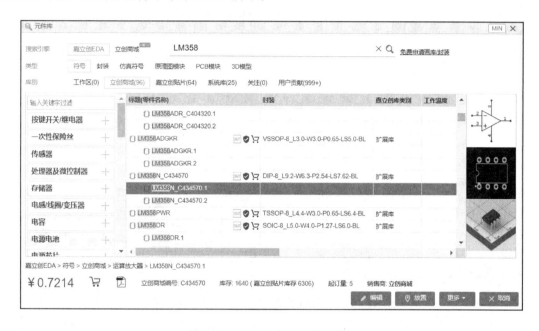

图 5.44　LM358 原理图符号选择

图中 LM358N 元件封装名称为"DIP-8_L9.2-W6.3-P2.54-LS7.62-BL",其中"DIP-8"表示双列直插式 8 脚封装,"L9.2-W6.3"表示器件长度和宽度分别为 9.2 mm 和 6.3 mm,"P2.54"表示器件引脚间中心距离为 2.54 mm,"LS7.62"表示器件左右两排引脚两端的跨距的最小值为 7.62 mm,"BL"表示器件封装的 1 号引脚在原点的左下方。"L9.2""W6.3""P2.54"和"LS7.62"分别对应着图 5.45 中的"B""A""d"和"D1"的 TYP(典型)值。

另外,为更好地描述电路工作原理,提高电路原理图可读性,LM358 元件符号选择分离式内部模块电气符号形式,而不是第 2 章中图 2.22 所示器件引脚排列图形式。

对于电路初学者,如果不是非常熟悉元器件及接插件封装命名或是工程任务要求中只给出器件型号,没有明确具体封装形式的情况下,推荐先在立创商城官网上找到所需器件,仔细核对器件型号和封装描述无误后,通过器件编号在元件库搜索对应元件符号,如图 5.46 所示。

对于常用库或元件库中都没有所需元件符号的情况,可以通过"文件"菜单下"新建"按钮或"工具"菜单下"符号向导"两种方法自行绘制元件符号,其中符号向导窗口如图 5.47 所示,适合 DIP-A、DIP-B,QFP 和 SIP 封装形式元件原理图符号的创建,只需要输入元件符号名称,选择相应封装样式,再依次输入引脚名称并单击"确定"即可。对于其他封装形式或形状特殊的元件符号,则需要通过新建符号的通用方法完成绘制。

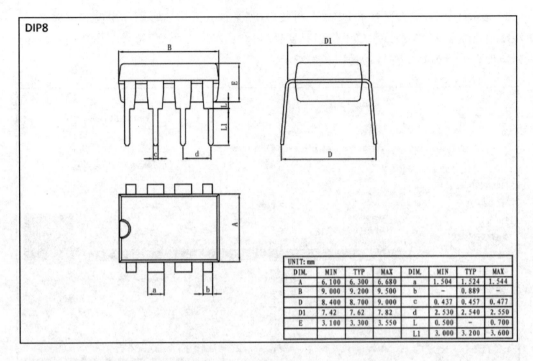

图 5.45　LM358N 数据手册 DIP－8 封装尺寸示意图

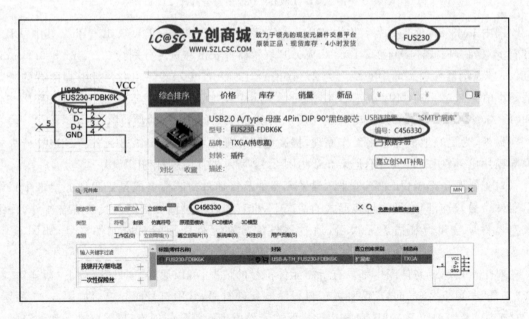

图 5.46　通过元件型号搜索符号示意图

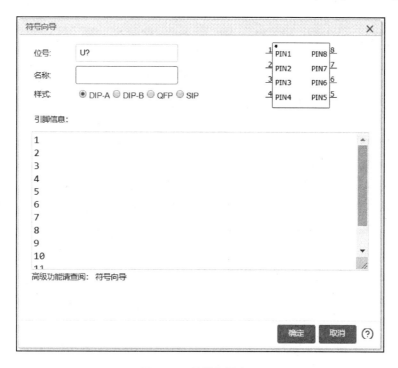

图 5.47　符号向导窗口

5.3.7　原理图绘制

根据工程方案设计需求,做好原理图绘制前期准备工作后,就可以按照实际电路原理图将所需电路元件规范放置到图纸上并依次完成元件属性修改、引脚电气连接、原理图编译检查和文本注释等工作。原理图绘制流程如图 5.48 所示。

1) 元件放置:直接单击常用库的元件,再移动鼠标到画布相应位置,然后单击放置;元件库中元件须单击下方的"放置"按钮,跳转到画布再完成器件摆放。元器件放置时默认是连续放置模式,可以通过键盘 ESC 键退出。元器件在浮动放置状态或放置后选中状态都可以通过快捷键 R 或 Space 进行逆时针旋转 90°、快捷键 X 水平翻转、快捷键 Y 垂直翻转,顺时针旋转 90°只有在器件放置选中状态下通过格式菜单下的"顺时针旋转 90°"或快捷工具栏的"顺时针旋转 90°"图标进行操作;多个元器件间的对齐或等距分布可以通过"格式"菜单下的相应命令或快捷工具栏的相应图标实现,快捷工具栏的相应操作图标如图 5.49 所示。当鼠标靠近图标,就会弹出相应文字标识,此快捷图标的功能,使用起来非常方便。

2) 电源放置:根据电路供电需求,在电气工具窗口选择电源标识符+5 V 和 GND 放置在图纸相应位置,须注意同相放大器电路为模拟电路,GND 标识符采用模拟地标识符。电气工具窗口如图 5.50 所示,在原理图引脚

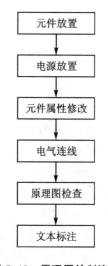

图 5.48　原理图绘制流程

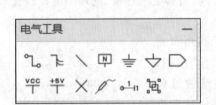

图 5.49　元器件放置快捷工具栏

电气连接过程中,导线(W)、总线(B)、总线分支(U)、网络标签(N)和非连接标志等快捷图标会经常用到。

3) 元件属性修改:原理图中元件和电源符号都放置好后,首先完成元器件位号的重设,通过在"编辑"菜单下选择"标注位号...",按一定规则逐行或逐列"Z"字形重新标注图纸上所有元器件的位号(标号),如图 5.51 所示。元器件位号在原理图中的元件旁的显示位置调整,可以选中一个或多个元件后,再通过"编辑"菜单下的"位号位置"进行位置调整;也可以直接选中元器件位号,拖动到需要放置的合适位置,然后单击元件使右边侧边栏显示元件属性窗口或选中元件后右击"属性"进入属性设置窗口,根据电路原理图及工程设定更改元件名称、位号,如图 5.52 所示。对于电阻、电容等元器件,元件名称通常直接标识其阻值或容值参数,或对于电阻元件名称标识为阻值加精度,例如 10 k$\pm$1%;对于电容元件名称标识为容值加额定电压,例如 10 μF/16 V。根据原理图对电阻、电容参数进行标识。

图 5.50　电气工具窗口　　　　　图 5.51　元器件位号标注窗口

4) 电气连线:根据图纸完成各元器件及电源引脚之间的电气连接,可以通过"放置"菜单下的"导线",电气工具栏的"导线"图标和快捷键 W 进入连线模式。连线模式下,鼠标指针变成十字光标,接触元件电气引脚中间会出现实心圆,如图 5.53 所示,拖动鼠标指针到需要连接的元件引脚,同样出现实心圆后单击完成连线。须注意,鼠标拖动过程中单击连线在单击点直角拐弯;右击则连线在此处停止,退出连线模式;按 ESC 按键则放弃此次连线,退出连线模式。连线过程中可以适当调整元件摆放位置来方便电气连接,对于无连接的电气引脚,应通过"非连接标志"标识,避免原理图网络连接检查中出现警告和提高原理图的可读性及规范性;对于电路相对复杂,电气连线走线过长或交叉过多的情况,可以通过"网络标签"来完成两网络间的电气连接,以满足原理图电气连线清晰直观的要求。

5) 原理图检查:原理图在电气连线完成后先保存,然后在左侧边栏文档导航窗口单击

图 5.52　元器件属性更改的两种窗口

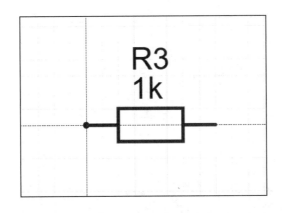

图 5.53　鼠标连线模式示意图

"设计管理器",检查原理图中元件数量和网络连接是否存在问题,如果存在警告,则须单击警告的网络项并根据提示进行修改,直到没有问题。检查修改示意图见图 5.54。

　　6) 文本标注:对原理图中各模块功能进行文本标注,增加原理图可读性和可维护性;也可以用线条将各模块区分开来,进一步规范原理图。

　　在原理图绘制过程中,适当掌握原理图编辑环境下快捷键的使用,有助于提高原理图绘制效率,例如元件逆时针旋转 90°的 R 或 SPACE 键,导线电气连线的 W 键等快捷功能键。同相放大器电路原理图绘制完成后,完整电路如图 5.55 所示。

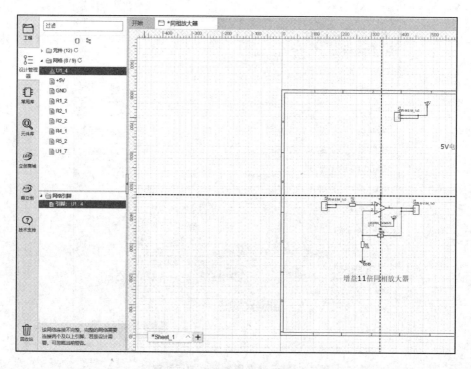

图 5.54　原理图检查修改示意图

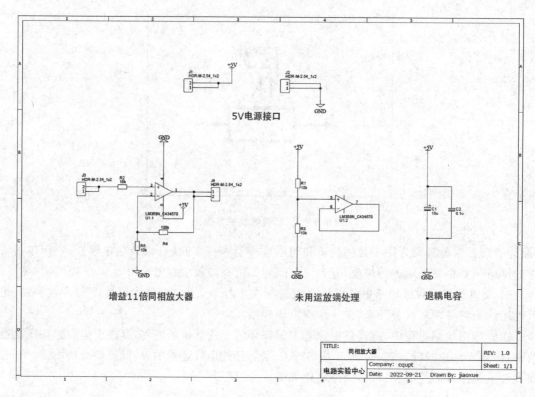

图 5.55　同相放大器原理图

5.3.8　PCB 设计前期准备

原理图绘制完成且检查没有问题后,可以开始 PCB 设计的前期准备工作了,具体流程如下:

1) 核对元器件封装:选中任一元件,在右侧边栏属性窗口中单击封装栏或在"工具"菜单下选择"封装管理器",进入封装管理器界面,如图 5.56 所示。仔细核对原理图中每一个元器件的封装是否设置正确符合工程要求,特别须注意元件符号引脚和封装焊盘引脚的编号对应关系,切忌出现对应错误。封装出错的情况下,可通过右边的"搜索封装"或"选择封装"窗口重新查找正确的元件封装并单击右下角的"更新封装",完成封装更正;对于自行绘制的封装,为保证准确无误,推荐新建封装后导出 PDF 并 1:1 打印出来与实际元件进行比对核实。

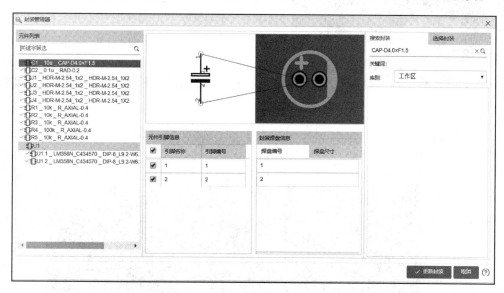

图 5.56　封装管理器窗口

2) 原理图转 PCB:在原理图编辑界面下单击"设计"菜单下的"原理图转 PCB"或快捷工具栏的"原理图转 PCB"或按快捷键 Alt+P 进入 PCB 编辑环境下的新建 PCB 窗口;根据工程设计要求,设置参数如图 5.57 所示,双层 PCB 板,边框为 80 mm×60 mm 的圆角矩形,圆角半径为 5 mm;起始位置对应板子左上角,因此设置起始 X 坐标 0 mm,Y 坐标 60 mm,使板子左下角在坐标原点位置。单击"应用"后,新建 PCB 完成,进入 PCB 编辑环境界面,如图 5.58 所示。相对原理图编辑环境,PCB 编辑环境菜单栏下菜单项有所不同且多了"布线"菜单,浮动工具窗口变成了 PCB 工具和层与元素;画布属性多了其他设置项。在 PCB 编辑环境下,画布单位可以通过快捷键 Q 快速切换为 mm(毫米)或 mil(密耳),以满足不同工作需求。

3) 安装孔设置:在板子 4 脚放置 4 个由焊盘构成的安装孔,用于安装螺母和铜柱,如图 5.59 所示。焊盘设置为圆形多层,即圆形通孔;其外径为 6.5 mm,内径为 3.2 mm,适用于 $\phi 3$ mm 的铜柱。焊盘作为安装孔内壁选择非金属化,中心离边框皆为 5 mm,锁定位置不能移动。

4) 立创 EDA 标准版不支持禁止布线层功能(专业版支持),PCB 设计中可以通过在禁止布线层绘制一个封闭连线来定义能够放置元件和进行电气连线的区域,区域外禁止放置元件

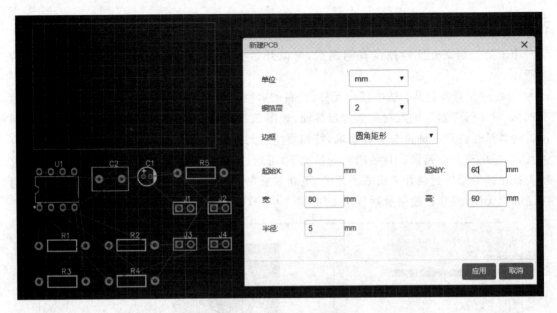

图 5.57 新建 PCB 窗口

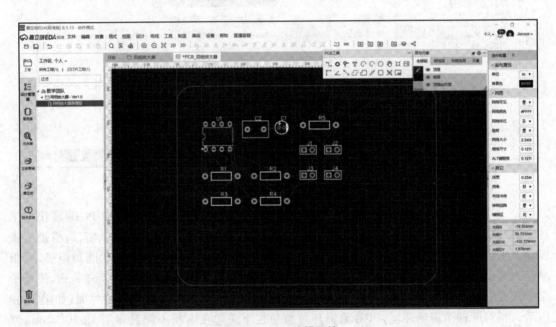

图 5.58 PCB 编辑环境

和电气连线,以方便设计者在布局布线时遵循板子边缘和安装孔周围 5 mm 范围内禁止布线的规范。使用立创 EDA 标准版时,设计者须注意遵守规范或是通过在丝印层绘制禁止布线区域做替代,如图 5.60 所示。

5) 布局布线规则:立创 EDA 标准板只支持非常简单的设计规则,如图 5.61 所示。Default 默认设计规则中设置导线宽度不能小于 10 mil,PCB 中两个不同网络的元素间距不能小于 6 mil;焊盘或过孔外径不能小于 24 mil,内径不能小于 12 mil;导线总长度不能大于所设定的线长,一般这里留空代表无限制。前面所述布局布线规则中要求地线宽度>电源线宽度>

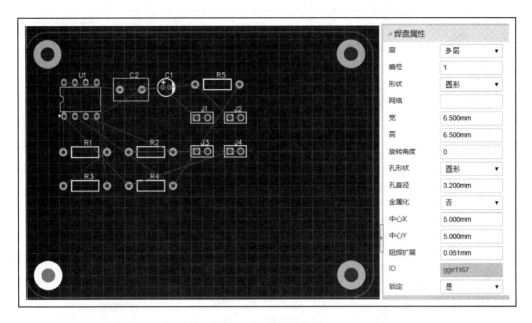

图 5.59　安装孔放置

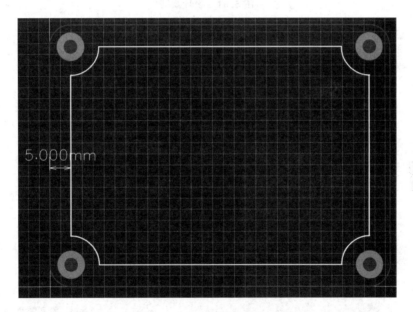

5.000mm

图 5.60　丝印层实现禁止布线层示意图

信号线宽度,因此新增设置规则如图 5.62 所示,然后在窗口右边设置＋5V 网络遵循规则 Power,GND 网络遵循规则 Ground。

PCB 设计规则约束了 PCB 板子上的布局布线操作;而布局布线决定了板子最终的功能和性能,是 PCB 设计成败的关键。因此 PCB 设计规则即布局布线规范十分重要。PCB 布局布线规范是由众多因素综合决定的,例如所选器件本身特性、板子的过流能力、板子的密度、工作频率、EMC、电源和信号完整性考虑、厂家的生产工艺,板子的接口特性和调试便利等。通常需要设计的布局布线规范包括安全间距、走线线宽、走线层面和方向、焊盘过孔形状尺寸、敷铜

图 5.61　设计规则

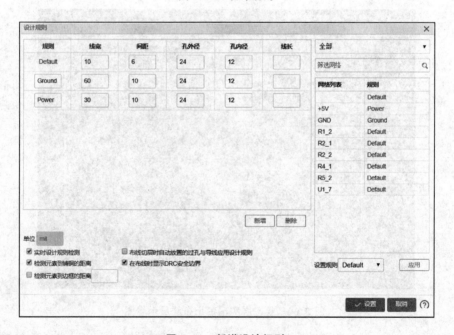

图 5.62　新增设计规则

连接、丝印等,电路初学者刚开始进行 PCB 设计时,可以参考各大公司的 PCB 设计规范,并在实际运用中总结经验。

5.3.9　PCB 布局布线

完成前期准备后,就可以遵循布局布线规范逐步完成 PCB 布局和布线工作,这是一个需要反复调整的细致工作。掌握立创 EDA 布局布线的一些技巧和方法能有效提高布局布线效率和质量。

　　1) 交叉选择：在原理图界面选中一个或多个元件，然后单击"工具"菜单栏的"交叉选择"或按快捷键 Shift＋X，会跳转到 PCB 界面并选中相应元件；PCB 界面执行类似操作，将跳转到原理图界面并选中相应元件，如图 5.63 所示。交叉选择功能适合在元件较多时快速查找所需元件。

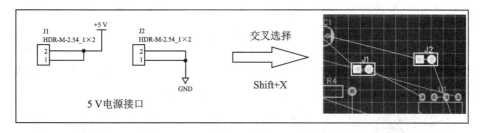

图 5.63　交叉选择示意图

　　2) 布局传递：在原理图界面选中多个元件或电路模块，然后单击"工具"菜单栏的"布局传递"或按快捷键 Ctrl＋Shift＋X，会跳转到 PCB 界面且刚才所选元件封装将以原理图同样的布局处于拖动放置状态，如图 5.64 所示。布局传递功能适合快速布局功能模块电路元件。

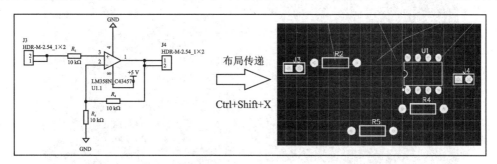

图 5.64　布局传递功能演示

　　3) 元器件摆放时禁止水平翻转或垂直翻转，但可以利用快捷键快速实现元器件的旋转、对齐、等距分布等；器件布局栅格设置一般应不小于 25 mil，以便布局时控制各相邻元器件间距符合规范要求。

　　4) 可以在浮动"层与元素"窗口单击各层前面颜色方块选中当前层，使铅笔图标切换至该层，则该层为活跃层可以进行编辑；单击眼睛图标切换是否显示该层，如图 5.65 所示。双层 PCB 板设计主要用到的层包括：

　　① 顶层和底层：PCB 板子顶面和底面的铜箔层，用于放置元件和信号走线。

　　② 顶层和底层丝印层：印在 PCB 板顶面和底面的文本字符层，用与显示器件位号和文本标注等。

　　③ 顶层和底层阻焊层：板子顶层和底层盖油层，

图 5.65　层与元素窗口

属于负片绘制,即在走线或板子部分区域的阻焊层绘制,PCB生产出来后相应区域没有绿油覆盖,方便上锡等操作,这种情况通常称为阻焊开窗。

④ 边框层:板子形状尺寸定义层,板厂根据边框层外形生产板子。

5)在顶层和底层按下 W 键开始走线时,使用 Tab 键设置走线宽度;使用 L 键切换走线角度,推荐圆弧 90°;使用 Space 键切换走线方向;使用 T 键或 B 键切换走线到顶层或底层。推荐在顶层完成布线,底层敷铜作为完整的地平面以降低地线阻抗和抗干扰。当顶层布线不通时,可适当添加过孔连接到底层走线,完成电路布线。

6)布局布线过程中,可通过 3D 视图预览进行调整;初步完成后,通过"设计"菜单下的"检查 DRC"或"设计管理器"下的"DRC 错误"检查避免出现错连、漏连和违反规则等错误。

最终同相放大器布局布线完成后的 PCB 如图 5.66 所示。

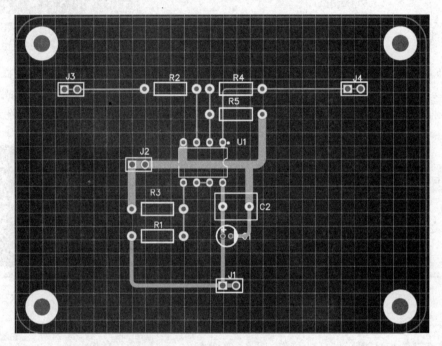

图 5.66 同相放大器布局布线图

5.3.10 PCB 后期处理

布局布线完成后,还须进行后期处理,进一步做到工艺上美观、功能和性能上可靠。

1)添加泪滴:在"工具"菜单下单击"泪滴...",进入泪滴添加窗口,如图 5.67 所示,可以设置添加泪滴的宽和高百分比,这里保持默认,操作"新增",然后单击"应用"即可。泪滴就是将铜箔导线与焊盘或过孔连接处加宽,加宽的铜箔导线的形状类似泪滴而得名。添加泪滴一方面使铜箔导线和焊盘或过孔的连接更加牢固,避免出现接口处铜箔导线断开和焊盘脱落情况;另一方面在信号传输时能平滑阻抗,减少阻抗突变。

2)敷铜:通过浮动 PCB 工具窗口的"敷铜"按钮或使用快捷键 E 给顶层和底层的相应区域敷上接地铜箔,单击圈出需要敷铜的闭合区域,右击闭合点结束等待敷铜完成。如果敷铜的闭合区域内有不能敷铜的区域,例如运放的反馈回路,可以通过浮动 PCB 工具窗口的"实心填

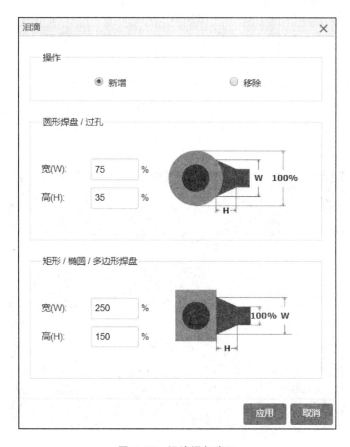

图 5.67　泪滴添加窗口

充"按钮圈出不能敷铜区域,并通过设置无填充、网络留空(与敷铜网络不同)的方式设置禁止敷铜区域。

单击"敷铜"边框,进入右边侧边栏敷铜"属性"设置窗口:

① 网络为 GND,产生大面积接地铜箔,降低了地线阻抗,提高抗干扰屏蔽能力。

② 间距为敷铜区距离其他同层电气元素的距离,不能小于设计规则中的最小布线间距且与工作电压等有关,这里设置为 20 mil。

③ 焊盘连接选择发散,即敷铜与接地焊盘十字连接,减少焊盘散热便于焊接,发散线宽为 0,即宽度为系统自动生成的宽度,发散线宽不能小于 10 mil,设置小于 10 mil 时软件会自动调整到 10 mil 线宽。

④ 保留孤岛选择否,即去除死铜,减小天线效应。

⑤ 填充样式选择全填充,即实心敷铜。敷铜一般有两种方式,实心敷铜和网格敷铜,推荐大部分 PCB 采用实心敷铜,网格敷铜多用于软板。

⑥ 制造优化选择是移除敷铜的尖角和小于 8 mil 的细铜线,以利于生产制造。

敷铜后可以在板子上相应位置整齐打一些接地过孔,起散热、降低阻抗,减短信号回流路径等作用,本书不做详细介绍。

3）标注：在相应位置添加标注，增加电路板可操作性。在"放置"菜单下单击"文本"或在浮动 PCB 工具栏单击"文本"按钮或按快捷键 S 进入"文本放置"状态。可以在拖动放置状态按下 Table 键直接修改文本描述；也可以选中放置好的文本，在右侧边栏"文本"属性窗口中"文本"一栏修改描述，并修改字体和文字大小。

4）修正丝印：调整元件丝印及文本标注位置，使其不违反布局布线规范且整齐美观。

后期处理后的同相放大器电路 PCB 板子顶层、底层和 3D 视图分别如图 5.68、图 5.69 和图 5.70 所示。

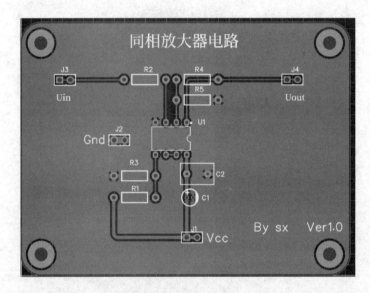

图 5.68　顶层 PCB 图

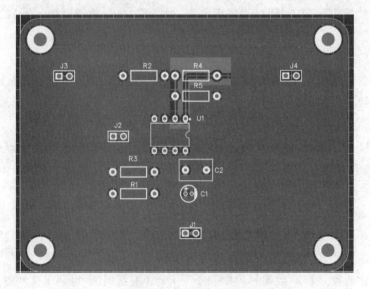

图 5.69　底层 PCB 图

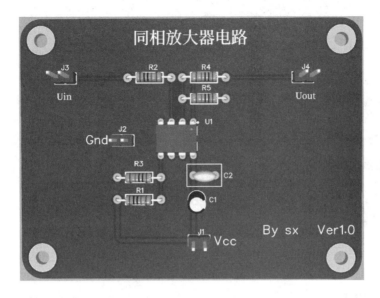

图 5.70　3D 视图

5.3.11　PCB 设计规则检查

做完 PCB 后期所有处理后,一定要再次进行 PCB 设计规则检查,避免出现问题。操作方法是在"设计"菜单下单击"检查 DRC",如图 5.71 所示。

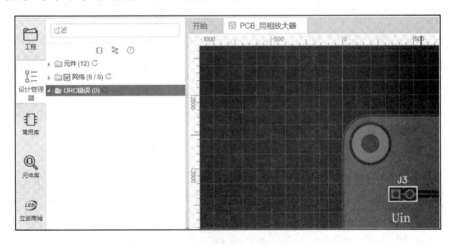

图 5.71　设计规则检查

5.3.12　生产文件输出

PCB 设计完成后,需要通过手工热转印制板或工厂打样完成 PCB 板的制作,书中以工厂打样为例简介 PCB 生产文件的输出。

1)制板文件 Gerber 文件:Gerber 是 PCB 行业的标准文件格式,Gerber 文件包含 PCB 的各层参数、钻孔信息等文件。立创 EDA 可以一键生成 Gerber 文件。在"制造"菜单下单击"PCB 制板文件(Gerber)...",弹出窗口如图 5.72 所示,可生成压缩包形式的 Gerber 文件。

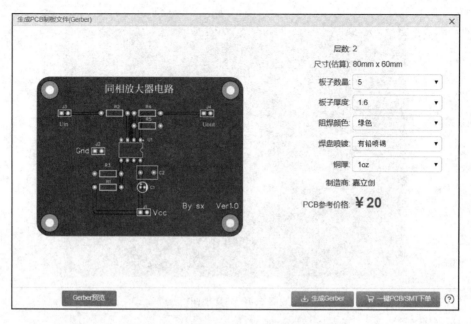

图 5.72　Gerber 文件生成

2）物料清单 BOM 表：在"制造"菜单下单击"物料清单（BOM）..."，如图 5.73 所示，然后单击"导出 BOM"，选择元器件导出参数，生成物料清单表格，方便元器件采购和管理。

编号	元件名称	位号	封装	数量	制造商料号	制造商	供应商	供应商编号		价格
1	10u	C1	CAP-D4.0xF1.5	1					分配立创编号	
2	0.1u	C2	RAD-0.2	1					分配立创编号	
3	HDR-M-2...	J1,J2,J3,J4	HDR-M-2.54_...	4			LCSC	C124375	分配立创编号	0.1366
4	10k	R1,R2,R3,R5	R_AXIAL-0.4	4					分配立创编号	
5	100k	R4	R_AXIAL-0.4	1					分配立创编号	
6	LM358N_...	U1	DIP-8_L9.2-W...	1	LM358N	HGSEMI	LCSC	C434570	分配立创编号	0.7214

导出BOM　上传立创ERP　一键元件下单　取消

图 5.73　BOM 文件导出

5.3.13　PCB 制作

导出生产文件后，可以直接在 PCB 编辑环境下"制造"菜单中单击"一键 PCB/SMT 下单"，跳转到嘉立创网站"PCB 在线下单"界面，依次对打样 PCB 板的基本信息、重要选项、PCB 工艺信息、个性化服务等进行设置，如图 5.74 和图 5.75 所示。下单过程中需要注意：

图 5.74　PCB 在线下单选项一

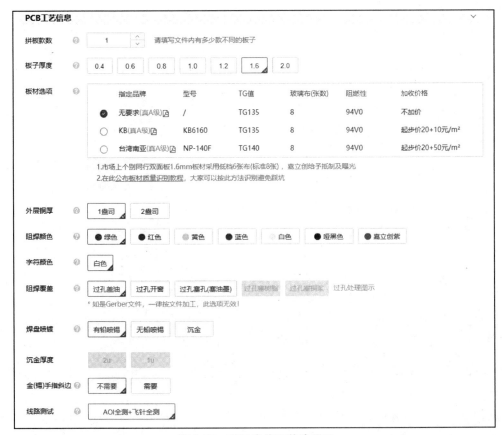

图 5.75　PCB 在线下单选项二

1）首次打样时，一定要仔细阅读 PCB 在线下单相关说明文档，包括《下单前技术员必看》《下单员必看》和《PCB 工艺参数》，避免在 PCB 制作环节出现问题；另外须补充完整收货和开发票的相关个人信息。

2）对于具体下单选项不清楚的，可以单击前面的"?"，查看具体说明。

3）对于个人打样，如果没有特殊需求，建议所有收费选项不选，完成所有选项设置后，单击"提交订单"付费即可。

4）通过嘉立创下单助手下单会有所优惠。

附录 A 实验项目

A.1 多谐振荡器

（1）练习题功能简介及制作要求

本电路产生频率为 200 Hz 的振荡信号。请按电路原理图 A.1 在面包板上搭接电路,用示波器观察产生的波形并记录。

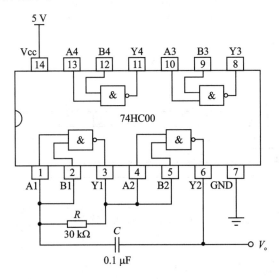

图 A.1 多谐振荡器电路

（2）元器件准备

将所准备的元器件信息填入表 A.1 中。

表 A.1 多谐振荡器电路元器件表

芯片型号	电阻/kΩ	电容/μF

（3）测试数据记录

用示波器 CH1 通道观察电路产生的波形,并绘制波形,示波器 CH1 通道探头的红色夹子夹 $V_。$ 端口（74HC00 芯片 6 脚）,黑色夹子夹接地端。

教师签字:

A.2 分频器

(1) 练习题功能简介及制作要求

本电路为 100 分频电路,从 CLKIN 端口接入练习题多谐振荡器电路产生的 200 Hz 信号,经过 100 分频,从 CLKOUT 端口输出 2 Hz 信号。按电路原理图(见图 A.2)在万能板上焊接电路,观察 LED 亮灭状态并记录。

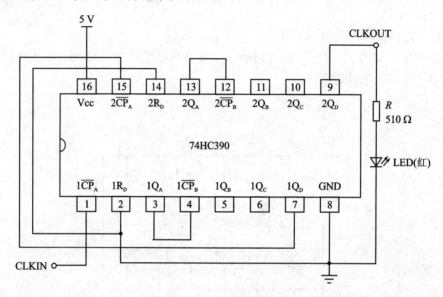

图 A.2 分频器电路

(2) 元器件准备

将所准备的元器件信息填入表 A.2 中。

表 A.2 分频器电路元器件表

芯片型号	芯片座子	电阻/kΩ	LED(红)

(3) 焊接前的准备

准备焊接布线装配图,见图 A.3。

(4) 测试数据记录

① 电路上电前,测量电路电源和地之间的电阻,确认电路电源是否存在短路情况。

$R =$ _____。

② 观察 LED 灯亮灭状态并记录。

教师签字:

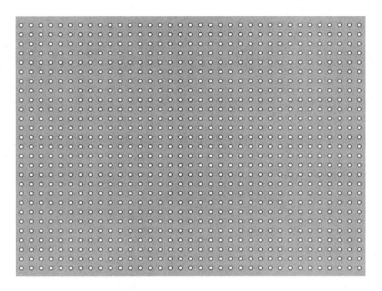

图 A.3　焊接布线装配图

附录 B 立创 EDA 新建 PCB 封装

立创 EDA 软件的新建 PCB 封装功能十分强大,具体操作步骤如下:

1)在"文件"菜单下单击"新建",在弹出的子菜单中选择"封装",如图 B.1 所示。

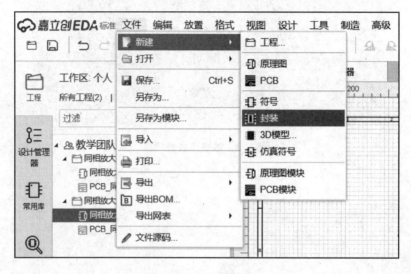

图 B.1 新建封装

2)单击"封装",弹出新建封装界面,然后在工具菜单下单击"封装向导..."或在快捷工具栏选择"封装向导..."图标或按快捷键 Shift+T,进入封装向导界面,如图 B.2 所示。

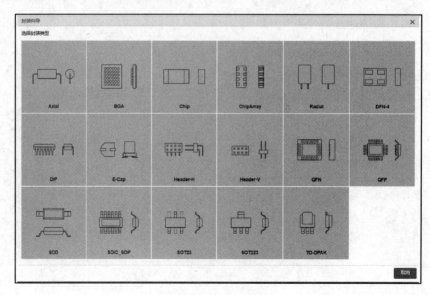

图 B.2 封装向导界面

3）根据需要绘制元件封装样式，选择对应封装类型，以 DIP 为例单击进入 DIP 封装参数详细设置界面，如图 B.3 所示。

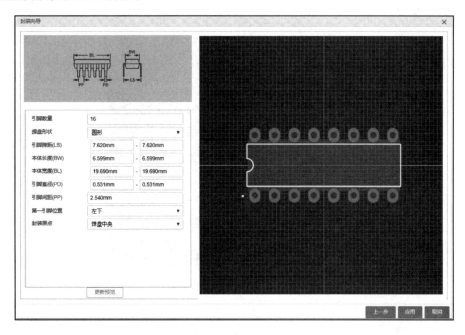

图 B.3 DIP 封装参数设置界面

4）根据绘制元件数据手册中封装尺寸或游标卡尺实际测量数据依次设置元件引脚数量、焊盘形状、引脚间距、本体长度和宽度等参数，以图 5.46 中 LM358N 封装尺寸为例设置并更新预览，如图 B.4 所示。

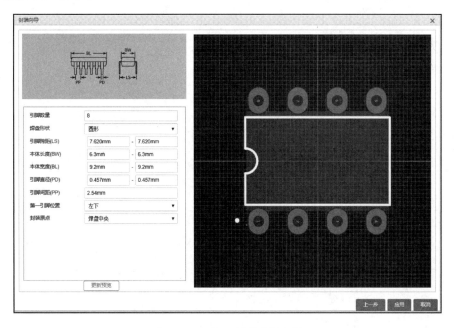

图 B.4 LM358 封装参数设置

5）单击"应用"后，自定义的 LM358 封装生成在新建封装界面，可以直接单击"保存"或者利用封装工具进行封装的微调后再保存。左下角添加小圆丝印并修改 1 脚焊盘为矩形后的封装如图 B.5 所示。

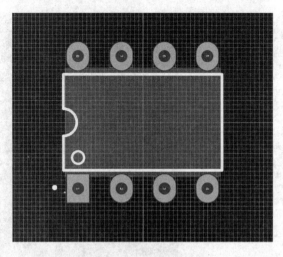

图 B.5　LM358 封装微调

附录 C   参考学习网站

一、PCB 设计生产
1）立创 EDA 网站
2）嘉立创网站
3）Altium 中国网站
4）华秋网站

二、元器件购买
1）立创商城
2）华秋商城
3）得捷电子
4）贸泽电子

三、半导体/单片机厂商
1）德州仪器
2）亚德诺半导体
3）意法半导体
4）微芯半导体
5）宏晶单片机
6）合泰半导体

四、电子设计培训网站
1）EDN 电子技术设计
2）电子发烧友论坛
3）21ic 电子网
4）电子工程世界
5）全国大学生电子设计竞赛培训

五、电路仿真和软件开发
1）Multisim 软件
2）Proteus 软件
3）keil 系列软件

【注】在德州仪器公司网站可以下载 TINA 和 PSpice 电路仿真软件以及 FilterPro 滤波器设计软件,在亚德诺半导体公司网站可以下载 LTspice 电路仿真软件。

参考文献

[1] 吴利民.电子学[M].北京：电子工业出版社,2009.

[2] 唐浒.电路设计与制作实用教程——基于立创EDA[M].北京：电子工业出版社,2019.

[3] 姚剑清.运算放大器权威指南[M].北京：人民邮电出版社,2012.